嘉绒藏族建筑
Gyalrong Tibetan Architecture

古碉 · 民居 · 村寨
 མཁར་དང་། ཁྱིམ་མིའི་ཆོད་ཁང་། ཁྱིམ་ཚེ།

Ancient Stone Towers, Dwellings and Villages

多尔吉　红音　编著

中国藏学出版社

嘉绒藏族代表性建筑分布图

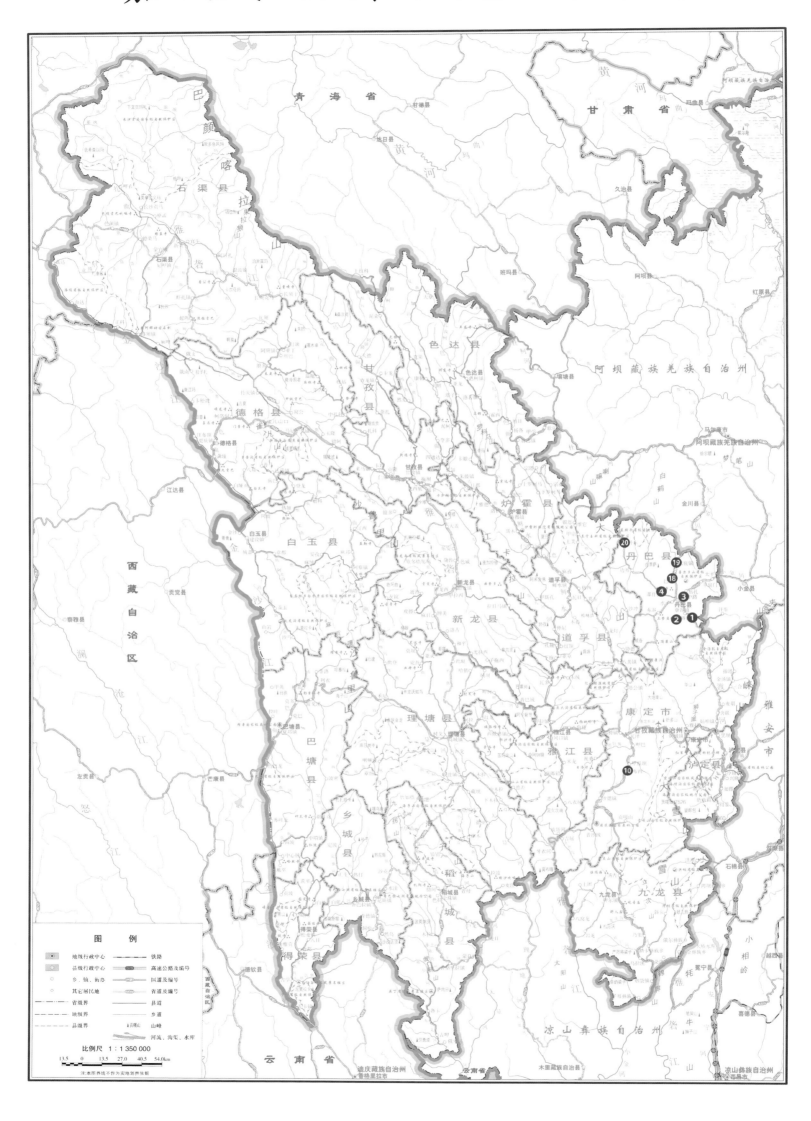

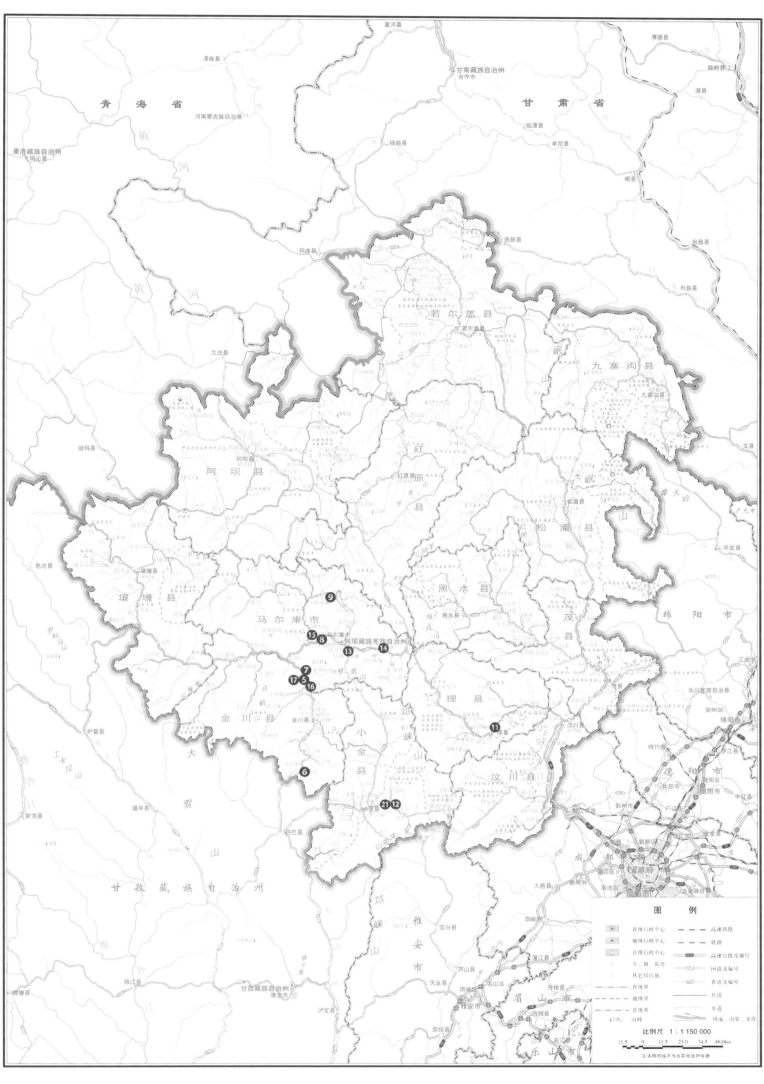

1 丹巴梭坡碉群

2 丹巴梭坡芝玛村十三角碉

3 丹巴中路乡罕额依村姊妹碉

4 丹巴革什扎镶嵌五图的萨沃碉

5 金川绰斯甲六角碉

6 金川曾达碉王（修复前高 49.5 米，现高 50 米）

7 金川代学九子碉（集沐乡）

8 马尔康松岗八角碉

9 马尔康沙尔宗嘉沙五角碉

10 康定朋布西八角碉

11 理县老街四角碉

12 小金沃日土司官寨碉

13 马尔康卓克基土司官寨

14 马尔康梭磨土司官寨

15 马尔康松岗土司官寨

16 马尔康党坝土司官寨

17 金川绰斯甲土司官寨

18 丹巴巴旺土司官寨

19 丹巴巴底土司官寨

20 丹巴丹东土司官寨

21 小金沃日土司官寨

前　言

多尔吉

　　藏文文献通常把藏区分为"卫藏、康、安多"三大区域，这是藏族区域文化之分，诸如藏语三大方言之说就由此而得名。有的藏文文献把嘉绒地区归入安多地区，有的把它归入康区范围，实际上，嘉绒地区既不同于康区，也不同于安多地区，在建筑、服饰和语言等诸多文化方面明显具有特殊性。

　　嘉绒文化一向受到国内外藏学界、语言学界和民族学界的广泛关注。费孝通先生提出"藏彝走廊"的文化历史区域概念，其中嘉绒是一个重要的地带。在"藏彝走廊"中，我们发现有的"文化元素"不是单一民族的，也不是限于某一区域范围内的，而是多民族的、跨区域的。

　　所谓"嘉绒地区"，历史上有狭义和广义之分。狭义来讲，仅指"四土"，即卓克基、梭磨、松岗和党坝等四个土司管辖范围；广义来讲，文献资料和藏族民间都有"嘉绒十八土司"之说，泛指十八土司管辖范围。大致包括：阿坝藏族羌族自治州的马尔康、小金、金川、理县、黑水等县的大部分地区，茂县、壤塘、红原等县的部分地区；甘孜藏族自治州的丹巴县和道孚县的大部分地区，雅江、炉霍、色达、新龙和康定等县的部分地区；雅安地区宝兴县和绵阳地区平武县的个别地区等。实际上，十八土司管辖下的个别地方属康区或属安多文化区，嘉绒地区与康区、安多地区之间边界模糊，特别是接壤部分难以划定明确的界限范围。

　　从史料来看，历史上嘉绒地区是不同部族和民族长期接触、交流、交往、交融的重要地带。生活在这一地区的藏、羌等民族是青藏高原的象雄部落、吐蕃部族等不同时期先后东进与当地原住民部落（如汉代活跃在这一地区的白马羌、青衣羌、牦牛羌、白狼、槃木、唐蕺和冉駹夷等，唐代活跃于这一地区的白兰羌和西山哥邻、白狗、逋租、南水、弱水、悉董、清远、咄霸等）不断融合而逐渐形成的。在历史发展长河中，象雄、吐蕃与古代原住民的生活习俗、宗教信仰以及其他文化逐步融合后形成独特的嘉绒文化，并一代一代传承下来，这就是今天嘉绒文化与卫藏、康、安多地区文化呈现出不同特点的重要历史原因。

　　建筑文化是嘉绒文化的重要特征。嘉绒建筑有两种形式，即古碉和民居（也称"碉房"）。与三大藏区建筑比较而言，有其独特之处，主要表现如下：一是从建筑形式来看，"碉"是嘉绒地区的特殊建筑形式，有废弃在荒郊野外的"古碉"和依附于民居的"民用碉"之分。前一种碉的缘起和功能反映出诸多的文化现象。从传说、文献资料和实地考察发现，它们的产生与战争、宗教、权力和经济等有密切的关系。2013年笔者到西藏调研时，路过林芝古碉群，巧遇格萨尔说唱艺人，他用说唱的方式告诉我，西藏林芝地区传说这些古碉与历史史诗《格萨尔》有关。这些文化现象有的是原生的，有的是衍生的。这种建筑在嘉绒地区保存数量最多、类型最全，是研究不同时期、不同类型古碉及其文化的重要实物，嘉绒可谓名副其实的"古碉博物馆"。古碉这种建筑在其他藏区实属罕见，说明原生地（发源地）可能就是今天的嘉绒一带。二是碉形建筑——民居，也称"碉房"（有的地方碉和民居结合，合称"碉房""碉楼"，如丹巴、雅江和道孚的扎巴民居等）。卫藏、康、安多地区也有像嘉绒一样的石室建筑形式，但在建筑结构、形式和风格方面，嘉绒民居明显独具特色。三是建筑材料，藏区传统建筑材料不外乎是石、木、泥土和草料，其主要区别在于这些材料的选择搭配和使用方法。比如嘉绒民居外墙以石泥结构（局部也有木架结构）为主，内部是木结构，而安多地区或牧区主要是以夯土为主的土结构。四是建筑技艺，嘉绒地区有专业的石匠和木匠，他们的技艺主要靠师徒传承，通过反复实践积累经验，用信手拈来的不规则的石头，筑成整齐的有艺术效果的建筑物。民族学家任乃强先生对嘉绒建筑技艺给予极高评价，称为"叠石奇技"①。马长寿先生说："农牧犹感不给，则至成都平原为汉族人凿井、砌墙，并避冬寒"②。可见，嘉绒地区匠人历史上还有外出打工，靠手艺谋生的传统，其建筑技艺高超并被其他地区认可是不言而喻的。从现代建筑学的角度来看，无论是建造如此高的古碉和碉房，还是现存古碉的悠久历史，均凸现无与伦比的建筑技艺。

我们在研究嘉绒地区的古碉与民居时，发现至今仍有许多未解之谜：一是从建筑学角度来看，经受过诸多自然灾害，历经上千年风雨侵蚀后，这些建筑物为什么能够保存至今。二是"碉"这种建筑形式到底是哪一个民族或部族首创，然后通过民族或部族迁徙，逐步向外传播，形成今天的古碉和碉形建筑文化圈的。碉传播的历史、路径和范围仍待研究。三是从文献资料和现存遗址都显示，在现行政区划的个别县就有数百甚至上千座碉，更别提相邻各文化区内所存的碉的数量之大了。古人为什么建这么多，到底用来做什么？此外，古人对"碉"的样式的选择和碉的高度，是随意的还是有特定的文化含义，是否代表特定的文化符号，隐含特定的文化密码，说到底传递着什么样的文化信息。比如在道孚扎巴地区就有"经济原由说""宗教原由说"等不同的说法。刘勇先生等经调查认为③："关于八角碉的用途民间有许多传说，有的说是'赞'来去的路线；有的说是战时传递信息的烽火台；有的说是为了祭祀天神而修建；有的说是确保人类的生存繁衍，因为只有建了多角碉，才能镇住一方水土，否则连生命都要被神秘的力量摧毁；有的说是战时防御和'藏身'；有的说是为了显示经济实力，如在仲尼乡的扎然、亚中、麻中等村，也有关于八角碉的传说。说在当地富户为了炫耀财富，以显示雄厚的实力就修建此碉，故修的碉角越多、越高，就表明其财富越多、势力越大。"（指道孚县扎巴地区）。四是建筑材料，如巨石的搬运问题。我们发现古碉至数十米高度有重达数吨的巨石，单从建筑学的角度来看，在没有重型机械设备的情况下，无法想象靠简单的人力怎么能够搬运这些建筑材料，古人到底是利用什么方法或技术来实现的。五是在丹巴革什扎俄洛村拆除的古碉地基中，我们发现大量的白色巨石，这是否与白石崇拜有关。凡此种种，仍待研究。

此外，比如嘉绒地区的边界不明，个别具有特色的建筑形式或许遗漏，这既是我们的遗憾，也是今后继续研究的方向和努力的动力。

自 2007 年起，笔者和红音、阿根开始调查研究嘉绒藏区的古碉，几乎走遍嘉绒的山山水水、所有村寨，用文字和相机记录了现存古碉及遗址，最后写就《东方金字塔——高原碉楼》一书。该书主要分析、研究、记录古碉及其文化，附图极少，故受文字的局限，没能全面展示丰富的嘉绒建筑文化，特别是碉形建筑"民居"，留下了诸多遗憾。所以，这几年笔者一直有编选一部画册的愿望，以弥补前书的不足。即将问世的此作，即《嘉绒藏族建筑——古碉·民居·藏寨》与《东方金字塔——高原碉楼》一书相得益彰，分别以图像和文字，从建筑本身、建筑与人的关系、建筑与自然的关系等不同的角度向世人，特别是关心爱好嘉绒文化的读者，全方位地展示丰富的文化内涵和艺术魅力的嘉绒建筑。

本画册分两个部分，其一是文字部分，包括前言、专述，每一部分前附有一段文字说明，每一张图片下方标注"建筑物所在地、建筑类型、拍摄时间"等。其二是图片，图片又分 6 个类别，一是古碉，包括各种类型的碉和碉的局部；二是民居。民居按行政区划顺序排列，便于体现不同地区的差异；三是官寨；四是宗教建筑；五是建筑工艺；六是历史照片。除历史照片外，本画册收录的照片拍摄时间皆在 1990 年

① 《西康图经·民俗篇》，252 页，西藏古籍出版社，2000 年。

② 马长寿：《氐与羌》，27 页，上海人民出版社，1984 年。

③ 刘勇等：《鲜水河畔的道孚藏族多元文化》，34 页，四川民族出版社，2005 年。

至 2018 年之间。个别拍摄时间较为明确的照片还特别标注了具体的拍摄时间。从艺术角度来看，图片之间或有较大差异，不过，只要达到资料与艺术的有机结合，也就实现了我们编辑出版本画册的初衷。

在笔者提出编著本画册的想法后，得到红音博士的积极响应，与笔者一道花费大量时间和精力收集、整理相关资料，她的敬业精神和一丝不苟的工作作风令我特别感动。同时，我们还得到很多朋友和嘉绒建筑摄影爱好者的大力支持，他们毫无保留地提供了作品，有的机构也授权我们使用珍贵的历史图片，给画册添彩不少。

本画册图片的摄影者有：多尔吉、红音、阿根、王勉之、泽仁多吉、泽里、李建雄、曾晓鸿、唐汝川、泽尔登、代永清、杨忠尔甲、任陶、李云安、兰卡次成、黄继舟、足麦、泽绒降措、王东、恋桦、庄学本、芮逸夫、伊莎贝拉·伯德(Isabella Lucy Bishop)、约翰·韦斯顿·布鲁克（John Weston Brooke）、欧内斯特·亨利·威尔逊（Ernest Henry Wilson）、以及西德利·戴维·甘博（Sidney David Gamble）等。

本画册的编辑出版，得到诸多领导、同事和朋友的关心与支持。我的好友、甘孜州政协泽仁多吉先生不辞辛苦专程陪我到雅江木雅地区和道孚县实地拍摄，该书的责任编辑张荣德、美术编辑翟跃飞等同志工作认真细致。在此一并表示感谢。还要特别感谢我的妻子雍珠斯基的鼓励和支持，使我有足够的时间和动力完成调研和撰稿、编选任务。

2019 年 6 月

嘉绒藏区碉房建筑及其文化探微

多尔吉

在四川西北的嘉绒地区，生活着具有悠久历史文化传统的嘉绒藏族，其独特的民间文化和人文地理，引起了国内外学者的浓厚兴趣和广泛关注。这一族群的石碉、石室民居，不仅风格独特，建筑技艺也堪称一绝。有的建筑还被列为国家及省州县级文物保护单位，受到科学保护。笔者系土生土长的嘉绒人，自幼受这种文化熏陶，近年来又多次到家乡进行社会调查，积累了不少资料。本文就碉房建筑方面的问题，谈点自己的看法，不足之处，敬请惠正。

一、碉房的产生及其历史演变

众所周知，房屋建筑的形成，主要有两方面的原因：其一是为了御寒取暖，防止自然灾害和猛兽的侵袭，保护人身安全；其二是为了保护火种。嘉绒地区的碉房建筑也不例外。

碉房是青藏高原特有的建筑形式。纵观嘉绒地区现存的碉或碉房建筑，其建筑年代最早的已有1000多年的历史，而实际上碉房的产生年代可能更早，这可以从藏区现存的碉房建筑、考古发掘成果和有关史料中得到证实。

卡若遗址的发掘，填补了西藏远古文化的一个空白，证明至少在4600多年前的新石器时期，石室建筑已在青藏高原诞生。而且，卡若文化石室建筑的基本形制和建筑技术与当今的碉房建筑极为相似，二者的墙体均为石块垒成，黄泥抹缝；造型均多为方形；屋中央均设有石头垒成的炉灶。由此可见，当今流行于川西北藏区的碉房建筑与卡若发掘的建筑遗址一脉相承，无疑有着深厚的历史渊源。

从汉文文献来看，明确有碉房建筑的记载也至少有2000多年的历史。据《后汉书·南蛮西南夷列传》记载："冉駹夷者……皆依山居止，累石为室，高者至十余丈，为邛笼。"李贤注《后汉书》之"邛笼"云："按今彼土夷人呼为雕也"。"邛笼"即今所谓的"碉房"。在碉房的基础上产生了碉，而历史上誉称的"千碉之国"，现在仍可从四川丹巴县梭坡一带的碉林中得到证实。

碉，多建在高山峡谷的要塞，其功能最初主要为军事防御。乾隆皇帝平定大小金川的战事历时28年之久，足见碉防御性能之强大。之后，其功能逐渐转向民用，与居室合为一体，也用于存放食物及贵重物品，此功能也有一定的历史。从石室民居雏形到现代碉房，历经了相当长的历史演变过程。就藏区而言，农区的房屋造型和工艺技术发展变化快，这与农区社会必须具备稳定的居住条件，对房屋有较强的依赖性有密切的关系。同时，农区房屋还是衡量人们社会经济地位和贫富差距的一个重要标志。因此，这些地区十分重视提高建筑技术，不断改进房屋造型，以展现自己的社会和经济地位，这同样也促进了碉房建筑的不断发展。

从现行碉房的不同结构类型和不同地区碉房建筑形式的差异中，我们可以了解和粗略地分析出碉房的演变过程。主要有以下几个阶段。

（一）无碉石室建筑的形成

据一些史料和考古发掘来看，石室建筑的基本结构通常为一至二层，底层为畜圈，那个时期家畜数量和种类可能比较少，因此畜圈的规模极小。上层供食宿、会客和烹饪之用，设有火塘，还设有杂物储存室和卧室，房顶为农作物加工处。类似的石室建筑形式至今仍流行于阿坝州马尔康等地区。

（二）无碉石室建筑的发展

随着社会的发展，无碉石室建筑的结构发生了较大的变化，功能更加完善，布局更加合理和科学。主要原因是：（1）其时当地木匠和石匠的工艺技术有了长足的进步，完全有条件和能力建造高层建筑；（2）随着农业社会的发展，早期的房屋布局及功能已不能满足农产品加工储存的需要，这种状况促使房屋结构进一步优化；（3）随着家畜数量和种类的不断增加，房屋结构必须能够满足这种需求，即具备储存家畜冬季食物和分类饲养家畜的条件。

因此，这一时期的房屋变化出现了如下特点：其一，畜圈由原来的混合型发展成分类型，即由原来的大型综合圈变成大小不等的小型圈，根据不同家畜的特点，分类饲养，有利于家庭养殖业的发展。其二，增加了加工储藏农产品和家畜冬季食料的场所。楼层增为三至四层，第三、四层还出现了向外延伸的长廊，专供储存家畜冬季食料和阴雨天自然风干农作物之用。其三，随着经济的发展，物品数量和种类不断增加，出现了物品分类储藏室，这样既可保证存放质量，也可避免相互影响，提高保质期限。其四，出现了专供会客、聚会和住宿的居室。

（三）碉与房的结合——碉房的产生

碉与民居合为一体，乃至与土司官寨建筑相结合，是藏族石室建筑史上的一大突破。它的产生不仅改变了石室建筑的造型和风格，也大大改进了石室建筑的功能。碉房这一新型建筑的形成，使房屋布局更合理，功能更齐备，造型也更具有特色。碉与房的结合，增加了3—4间存放物品的场所，可分类存放衣物、粮食和肉类。这样主体建筑内便可专设会客、聚会和住宿场所，而火塘则主要为烹饪和饮食场所。同时，也进一步改善了加工、存放农产品的条件。

（四）碉房与耳房合为一体

耳房，在丹巴革什扎地区一作"rzɖɛ tʰɤ"（本书注音均以丹巴革什扎话为准），意为"汉式灶"，是在主体建筑外围简易畜圈的基础上，借鉴汉式灶而形成的。目前不少地方仍保留着汉式灶与畜圈合一的建筑形式，当地仍称"汉式灶"。二作"khang sɛɪ"，意为"新房"，是在"汉式灶房"的基础上发展起来的，其建筑风格和建筑手法继承了传统碉房的特点。这种形式在丹巴地区非常流行。耳房设有春夏季节用的灶房，还可用于会客、聚会、住宿，中间设有走廊。耳房的底层设有大小不同的畜圈，主体建筑底层一般不再设畜圈。这一改进使得主体建筑更具有稳固性；另一方面，人畜分开，无论是人的健康，还是家畜饲养都更具科学性。综上所述，碉房建筑历史演变，有如下特点：

1.布局逐渐趋于合理。从初期的石室民居到碉与房〔包括耳房或汉式灶房或"雍仲帽帕"（意为"半眼雍仲"或"雍仲一角"）〕合为一体的碉房，房间数量由原来的4至5间增加到20余间，房间功能也由综合型逐步发展成单一型，既可分为烹饪、食宿、会客等场所，也可供分类存放不同物品和分类饲养家畜。此外，耳房和汉式灶房的形成，还可根据不同季节更易灶房，调整人们的食宿环境。

2.造型和工艺不断完善。随着物质文化生活的不断丰富和发展，人们不仅要求房屋建筑坚固、实用，适应人们食住条件和农业发展的需求，同时，也要求碉房造型更加美观，工艺更加精湛，满足人们的审美需要。碉房建筑结构布局和建筑工艺等方面的变化，是藏族艺人不断学习、实践的经验总结，也是藏族与其他民族特别是汉民族文化交流交融的生动体现。

3.整体面积和局部尺度不断扩大。从简单的石室到碉房的形成，乃至碉房与耳房或汉式灶房或雍忠帽帕的结合，房屋建筑面积也在不断增加。

此外，门窗等开口的尺度也发生了较大变化。早期社会封闭，战乱不断，甚至时有猛兽侵袭。因此，早期的房屋门窗一般都较小，以防止各种灾祸。随着社会的发展，这些因素逐渐减少甚至已经不复存在，而且小型门窗给人们生活带来诸多不便，因此，门窗尺度不断扩大，出入更加方便，室内采光更好，舒适度更高。

二、碉房的结构及其工艺

碉房墙体有几种类型，即石泥墙、板墙、圆木墙，板墙和圆木墙合筑的墙体。（1）石泥墙，当地叫"斯德日阿"（zdɐ ra）意为"垒得像山一样坚固"。石泥墙体一般占整个建筑物墙体的3/4，甚至更多。墙体厚度约为0.6米，适合高寒气候的自然环境，坚固而内外平整。室内用黄泥粉刷，外加白色自然涂料或石灰，增加室内光亮度。室外用白色涂料粉刷，绘制吉祥图案等，可与现代城市建筑的墙体媲美。层高2.3米左右，楼顶由横梁（或大梁）、小梁、松枝和混泥组成，厚度约为0.5米。屋檐向外延伸约0.5米。（2）圆木墙，把圆木分割成两半，以半圆形木块为原料，这种墙体在当地叫"帮勒"，将圆木一分为二，筑成内平外圆的墙体。（3）板墙，当地叫"斯巴儿"，形式多样，有的用整块长形木板与柱头衔接而成；有的由长木板分割成若干个大小不等的板块筑成。每个房间隔约1.2米有一柱子，柱高约2.3米。板木墙上安装有花窗，长0.73至0.8米，宽约0.67米。（4）板墙和圆木合筑而成。一般墙体下部分为圆木，上部分为板墙，上部中间还镶嵌有花窗。

三、碉房的组成部分

嘉绒藏区的碉房结构各有特色，从甘孜州丹巴县碉房整体结构来看，可分为如下三部分。

（一）主体建筑

当地叫"畏玛斤"，"畏"意为"房屋"，"玛斤"意为"主体"。建筑面积36平方米左右，长宽各为6米左右，呈正方形。主体建筑一般3至5层不等。就5层而言，其组成部分有畜圈、卧室、灶房、客房、储存室、农副产品加工场、公共场所。其分布格局为：第一层是畜圈，即养殖家畜的场所，现代有所改进，一般建在辅助建筑部分。第二层，有两个开间，外加过道或走廊。开间之一为火塘。当地叫"喂勒玛"，意为房屋的主体或母体。由此可见火塘在房屋建筑中的地位和作用。碉房建筑初期就是以保护火种的火塘为基础，当地把灶神、火神、祖先神融为一体，视为一家之主，供奉于火塘内，可见其独特地位。炉灶的位置在屋中央，饮食、取暖、议事，皆环绕火塘围坐。炉灶由四块石条围成一个长方形，上下为宽，左右为长，上方正中和左右两角各立一块弓形石条，上方灶架的背部正中雕刻有一神龛，供奉灶神、祖先神、火神，禁止存放不洁之物。火塘有许多禁忌，如不许从火塘上跨过，不准用脚蹬炉灶里的石条或灶架，不准用水灭火等，认为这样不仅会触怒火神，还可招致家庭不和。修葺炉灶，须选择吉日。不能背靠火塘。这些禁忌，实际上是对火神的敬畏和崇拜。

火塘进门方向一般在炉灶下方，下方和左方为烧火、煮饭烹菜之地，多为女性或晚辈活动之处，右方或上方为宾客或男性活动之处。炉灶四周的布局和功能体现了每个人的家庭和社会地位。火塘楼上为储存畜草之地，以备冬季饲养家畜之用，其面积与火塘相等。第三层共有两个房间，外加一过道和长廊，长廊供贮备草料用，其长与主体建筑的宽相同，一般长约8米，宽0.67米至0.8米。房间之一为传统客房，当地叫"甲哥"，意为"宽敞的场所"。从整个布局来看，这间的确是最宽敞的会客、聚会和住宿之地。其长约 5 米，宽约 4 米，总面积为 20 平方米左右。这一房间的墙体为板墙或圆木墙，用木板或半圆形木块为原料筑成。墙中镶有三至四扇花窗，花窗由雕成各种图案的木块组成。木制墙体外观均用各种颜料绘图案，无比精美，在整个房屋造型中起着画龙点睛的作用。室内一方置有传统的组合式家具，紧连墙体。家具由上下两部分组成，下部由板块制成，供储存食物之用，上部用木块筑成板墙，其中还有花窗，供存放物品用。雕刻和绘制工艺十分精美，使居室别具一格，可谓主体建筑之精华。第四层共有两间房，主要供加工农产品之用，也可用于春夏季的住宿。其中一间，两面墙体为板木或圆木材料，长约 4 米，宽 3 米，总面积约为 12 平方米。另一间的一面墙体为板木或圆木材料，长约 5 米，宽约 3 米，总面积约为 15 平方米。此外，碉房顶部均为平顶，也常作为农产品或草料的加工场所和晒台。

（二）碉

与房合为一体的碉通常为四角碉，往往比主体建筑高出一层，是碉房建筑中最突出的部分，类似藏传佛教寺院中的大殿，在整个建筑中起着主心骨的作用（原官寨建筑中还专门建有象征权力和地位的碉），而主体建筑的大小及布局多以碉为准。碉的高度为 20 至 30 米，也有的高达 40 米。平面为正方形，底部长宽各为 3 米左右，墙体由下而上渐向内收分，顶部与底部的宽度相差约 0.3 米。转为民用的碉，其功能沿袭了碉的防御性能，第一至三层各存放贵重物品，便于防盗。碉的门窗少而小，并且门开向主体建筑内，因此，碉内冬暖夏凉，易于存放物品，也可防止食物变质。第三层或第四层为经堂，供奉佛苯之主，是家庭举行佛苯法事的场所。经堂门扉和室内装饰集雕塑、绘画于一体，显得精致华丽。经堂是房屋建筑中最神圣的部分，一般不得随意入内。碉的顶层可存放冬季副食品，如蔓菁。

（三）辅助性建筑

辅助性建筑也是房屋的有机组成部分。随着社会的发展，辅助性建筑的工艺和造型越来越考究，功能也越来越多。有些地区如丹巴，辅助性建筑已成为日常活动、生活的中心。

辅助性建筑有两种种类型即耳房或称汉式灶房和雍仲帽帕。

耳房，当地叫"空色"，藏文为"ཁང་གསར།"，意为"新房、新居"，从中不难看出这是近代建筑发展的结果。耳房大小不一，造型各异。简单的耳房分为两层，下层为"日瓦"，意为"圈"或"院落"。上层为"甲套"，意为"汉式灶房"，供春夏季节烹饪之用。新式的耳房一般为两层，其建筑面积与主体建筑基本相同，有的比主体建筑还大，下层为圈。第二层中央有一走廊，走廊四周设有灶房、会客、住宿和厕所。一、二层中央有天窗，平面为"回"字或半"回"字形。

雍仲帽帕，直译为"单眼雍仲"，意为"雍仲一角"，其造型因与苯教"雍仲符号"标识的一个边角相似而得名。雍仲帽帕是紧附在主体建筑的辅助性建筑之一，其高度与主体建筑相等。第一层为圈，第二层设有火塘，供春夏季节用，第三或四层作会客或存放物品用。近来，有些地方的雍仲帽帕逐步有被耳房替代之势。佛教传入藏区，历经千年，渗透到藏族文化的各个领域。但是，苯教的社会功能至今仍不可忽视。尤其在嘉绒地区，民间文化的表层结构虽被佛教文化覆盖，但在深层结构中，我们不难发现，这些地区苯教文化传统仍然盛行，苯教标志在碉房建筑方面的体现也正好说明这一点。

四、碉房建筑的功能

房屋的功能是多方面的。可简单分为两类，即单一功能和多功能或综合性功能。

（一）单一功能

1. 储藏室。有分类储藏室和综合储藏室，根据存放物品种类，其称谓有别。有食物、衣物、草类等类的储藏室。第二、三层外围附设有一条长廊，专供存放饲养家畜的草类用。

2. 家畜养殖场所——畜圈。嘉绒地区多为农区，由于生活所需，家庭饲养业的历史悠久，饲养种类有牛、猪、羊、马、鸡。饲养目的主要是获取衣食物品，有的用于农业生产或运输，如用于耕地的犏牛和供驮运物品的马。饲养家畜必须有固定的场所——畜圈。传统的畜圈多建在主体建筑的底层，其面积大小由主体建筑而定。随着社会的发展，现在畜圈一般改建在主体建筑的正方外部，即耳房底层，其大小也就不再受主体建筑的限制。

3. 精神文化场所。嘉绒地区，在火塘内设有神龛，供奉灶神、祖先神和火神。此外，碉房内专设有供奉佛苯祖师之地，当地叫"莫卡哥"，意为"供奉或祭祀的地方"，习称"经堂"，是家庭供奉佛法僧三宝的场所，也可供平常祭祀用。

4. 走廊过道。走廊过道，在碉房建筑中有极为重要的作用。平常人们通过走廊过道上下进出、运送物品，尤其在秋收季节，需运送大量的农产品。所以，走廊过道的面积约占主体建筑的六分之一。

（二）多功能

1. 食、居、会客合一。碉房中的空间一般是多用的，其中火塘最为突出。火塘除了取暖、烹饪、会客外，也可供住宿。耳房中较大的房间也可作会客、聚会、就餐和住宿之用。

2. 储藏、加工农副产品场所。嘉绒地区多为农区，因此，房屋必须具备农作物的加工和储藏功能。除了房顶可作晒台或加工场地外，秋收季节的阴雨天也需有自然风干或加工的场地，所以主体建筑的顶层一般供加工、储藏农产品用，而主体建筑顶层的外围长廊里可作自然风干食物之用。因此，碉房大、开间多、过道宽敞，其功能一般是多用的，这是碉房建筑的重要特点。

四、碉房建筑的文化事象

民居建筑是人类赖以生存的重要场所，因此其造型和功能积淀着不同时代的文化特征，是研究民族文化和历史不可多得的"活化石"。嘉绒藏区的碉房建筑同样也反映了当地人民的居住习俗及文化事象。

（一）看风水、定方位

修建房屋，举行必要的宗教仪式，一是确定方位和朝向，二是确定开工、封顶和竣工时间。当地人认为，万物有灵，尤其是大树、大石均有本神保护，修建房屋难免触及诸神，所以，要请"哈瓦"（教职人员）主持祈求神灵仪式，求得保佑，举行驱鬼避邪仪式，以"洗洁"这片土地。

建房时禁忌严格，如忌讳占用道路，以免招来外人不快，咒骂伤人。也忌讳在墓地建房或大门朝向墓地，影响来日安康幸福。

当地有句俗语"风水好，人丁兴旺；风水孬，招邪引祸"。透过这些仪式和禁忌，我们既可了解嘉绒地区藏族的精神世界，也可考察与房屋建筑有关的民俗文化事象。

（二）奠基、盖房顶及其文化事象

选择吉日，举行奠基仪式。奠基仪式由哈瓦主持，家庭全体成员、主要亲属和工匠人员共同参与。当地人称这种仪式为"沙乌达"，藏文为 ས་བདག，意为"敬地祇、土地神"，仪式的主要目的是敬地祇，以求得保佑。

举行奠基仪式或奠基时，禁止病人和孕妇参与；偶尔途经的外人，也忌讳搭话，往往绕道而行，认为他们与奠基者说话，容易得罪圣灵，招致灾祸。

封顶是建房中非常重要的环节，作业面宽，工作量大，一般前来帮忙的人多。据说，封顶时常有神灵和鬼怪出入，稍有不慎，灾祸及身，病魔附体。所以，凡遇封顶必须选择吉日，也有很多忌讳。封顶完毕，主人设宴请工匠人员，以示谢意和庆贺。

（三）落成典礼及其文化事象

落成典礼，当地人叫"畏泽尔"，"畏"意为"房屋"，"泽尔"意为"典礼、结束"。选择吉日举行仪式，具体时间不定。有些地方竣工后即举行落成典礼或庆祝乔迁之喜；有些地方等到藏历年或藏历正月上旬才举行。举行当日，工匠人员一般在碉的四角或房屋的突出部位用白石砌"拉泽"，以示竣工。哈瓦主持祈祷仪式，祈求神灵保佑。届时，除了亲属和本村人员参加外，经常往来的外乡人也前来祝贺。整个仪式十分隆重，主人宴请所有来宾。最后，本村男女齐跳"恭贺舞"，恭祝主人"五谷丰登，人丁兴旺"。

（四）粉刷、白石及其文化事象

建造碉房不仅工艺考究，也十分注重外观造型和室内外装饰。为了庆祝新年，每到12月上旬，家家户户用天然的朱红、深蓝、白色涂料粉刷房屋。通常用朱红、深蓝色涂料粉刷板木墙体、花窗、柱、额枋、斗拱柱头、屋檐等，用天然白色涂料粉刷墙体，绘制吉祥、山峰等图案。涂料选用、绘制构图都有严格的规定。房屋的哪些部位用什么涂料、构什么图案等都是约定俗成的，不能随意变更。

嘉绒地区蕴藏着丰富的天然涂料，可供粉刷房屋之用。选用白、朱红和深蓝等涂料粉刷碉房，最初纯属特定的自然条件决定。随着社会的发展，人们赋予这些涂料以特定的文化内涵。使用这些涂料粉刷房屋，除了具有审美价值和保护材质外，还有各种象征意义，如白色包含着吉祥、平安和辞旧迎新的文化内涵；朱红、深蓝色，有驱鬼避邪的功能。随着科学技术的发展，除了使用天然涂料外，还大量引进化学涂料，使装饰更加鲜艳，图案更加丰富多彩。如果有亲属病故，当年不得粉刷房屋，以示悼念。

白石崇拜是藏缅语族不少民族共有的原始文化现象，这种文化现象在嘉绒藏区尤为突出。如房屋竣工之际，选择吉日，垒放白石于屋顶。在嘉绒藏族文化观念中，白石是灵性之物，具有吉祥平安、惩凶除恶和禳灾去祸的功能，可以充当保护神的角色。白石不是单纯的建筑原料，它包含着特定的文化含义。再如，碉顶四角用梭形白石与泥筑成五个微型塔，除供煨桑祭山神外，同样是白石崇拜的产物。耳房、雍仲帽帕或门窗顶部也常放白石，以祈求保佑人和家畜，免遭灾祸，有时还用白石在墙体内镶嵌吉祥或家畜（牛羊马的头或角）图案，既是图腾崇拜的反映，也是白石崇拜的实证。凡此种种，不胜枚举。

（五）经堂、煨桑、神龛、雍仲帽帕及其文化事象

人们大部分的时间生活在室内，这样房屋自然成为宗教活动的主要场所。尤其是没有固定活动场所的原始宗教，其各种仪式通常在室内进行和完成。因此，房屋也是人们重要的精神文化活动场所。

经堂，是供奉佛陀、苯教祖师、菩萨诸神的殿堂，也是家庭举行各种宗教仪式的场所。因此，经堂是神圣的，外人不得随意入内。家人出入也必须选择吉日，参加葬礼当日不得入内，严禁携带不洁之物入内。经堂内雕刻和绘制有各种佛苯神像和圣物。正面墙的正中专设一个精美的供台或佛龛，供奉着释迦牟尼或苯教祖师辛绕或各种护法神、法器及经书。

煨桑，是藏区原始宗教中常见的仪式之一，目的是祈求神灵保佑平安。碉房内一般有三处煨桑之地。一是在屋顶或碉顶有煨桑处。第二处专供山神或财神之用，当地叫"索莫介哥"，意为"煨桑之地"。每逢吉日，使用干净的松柏枝叶，煨桑祈求山神保佑。三是在火塘内，是祖先神、灶神和火神的煨桑之地。每到藏历

正月上旬，家家户户日日煨桑，求得来年平安、万事如意。

神龛，是专门供奉祖先神、灶神和火神的地方。餐前，必须把食物、茶水和菜等供少许于神龛内。佳节时，供品更是应有尽有，酥油灯昼夜通明。家中若有病人，只要认为病因是由祖先亡灵附体引起的，便供亡灵生前喜爱的食物和茶水酒水，以祈求先灵化解病魔。

雍仲是苯教的象征，苯教文化已经渗透到藏族民间文化的方方面面，碉房中出现"雍仲帽帕"这种建筑形式，便是明证。这种建筑形式虽然没有普及，甚至明显有消失趋势，但是，苯教文化的影响力是不言而喻的。

（六）绘画、雕刻艺术及其文化事象

碉房建筑，不仅以精湛技艺和独特风格见长，也集绘画、雕刻艺术于一体。随着物质生活的不断丰富和发展，人们的精神需求也日益增长。就房屋建筑而言，由原来以功用为主，逐步发展成功用和审美并重。房屋除了坚固、实用外，其造型和工艺还给人以美的享受。

在碉房建筑中绘画、雕刻工艺主要表现在墙体质量和内外观等诸多方面。石泥墙的外观用天然的白色等涂料绘制各种吉祥图案。木质墙由大小不一的板块镶嵌成各种造型，再配各种颜料，显得别具一格。在室内的客厅、经堂、壁面、门楣、花窗、屋檐等部位雕刻、绘制花鸟和其他圣物，其装饰独具匠心，体现了匠人的精湛技巧和嘉绒藏族的独特文化。这些部位是整个建筑的亮点，为碉房增色，给人以美的享受，也寄托着人们祈求吉祥、平安和幸福的美好愿望。

本文原载《中国藏学》1996 年第 4 期，第 134-141 页

参考文献

[1] 阿坝州藏族史料调查组编，《嘉绒藏族史料集》，1991 年版。

[2] 陶立璠著，《民俗学概论》，中央民族学院出版社，1987 年版。

[3] 安旭编著，《藏族美术史研究》，上海人民美术出版社，1993 年版。

[4] 范晔：《后汉书》，中州古籍出版社，1996 年。

目 录

དཀར་ཆག

Contents

Historical Photos

Field Works

古碉篇

称谓　碉，在嘉绒地区有不同的叫法，马尔康和金川等地叫"达雍"，马尔康日布和大藏等地叫"木却"。甘孜丹巴等地区叫"木卡尔"，与藏语书面语"mkha"同源、类似汉语的"城堡"。

历史渊源　我们可以从三个方面考察分析。一是考古发掘。西藏阿里、昌都卡若文化和四川丹巴县中路等遗址的考古发掘，都说明新石器时期和公元10世纪前后，西藏阿里、昌都和四川丹巴等地区已经出现砌片石墙的建筑，也就是碉的雏形。

二是文献资料。有关史书也有明确记载，早在隋唐时期，今天的嘉绒藏区等地就有碉的存在。据《隋书·附国传》："……俗好复仇，故垒石为石巢而居，以避其患。其石巢高至十余丈，下至五六丈，每级丈余，以木隔之。基方三四步，石巢上方二三步，状似浮图。于下级开小门，从内上通，夜必关闭，以防贼盗。"《北宋·附国》："成都西南二千余里有附国，盖西南夷地，地纵几百里，横四五千里，无城栅，居住深谷，垒石为巢，高十余丈。"有关文献资料还记载，隋唐时期有"千碉之国"之说。由此说明，这些地区不仅有碉，而且其数量相当可观。

三是碳14测定。法国旅行家弗德瑞克·达瑞根先后从47座古碉取样进行碳14测定，发现这些古碉中最早的已有1200年的历史，大部分也有700年左右的历史。[①] 其中马尔康松岗八角碉有700年左右的历史，白洼村有一座古碉大约建于公元620—820年。康定木雅双子碉之一建于公元1038—1274年。丹巴县浦角顶的一座碉建于公元1195—1300年，丹巴索坡一座碉的木材采伐时间在公元1160—1300年之间，丹巴县十三角碉楼大约有500年历史。九龙哈拉村有一座碉楼的历史大约为770年。凉山州傈波乡有一座碉木材采伐时间大约为公元1240—1300年。从西藏工布提取14种样本碳14检测结果表明，其中最早一座样本的采伐时间大约在公元780—1010年之间，这是采集到的最早样本，其他样本的采伐时间大部分有800年左右。当然，以上时间与古碉的实际建造历史可能有一定误差，究其原因，一是建筑物中的木材由于所处环境不同对年代测定有影响，暴露于室外的木材长年日晒雨淋，自然与室内样本不同。二是木材采伐时间与使用时间之间的误差，也可能对确定其年代有一定的影响。从现存古碉及其遗址数量来看，提取检测的样本非常有限，若进一步扩大检测数量，古碉的历史可能追溯得更久远。

---

① 〔法〕弗德瑞克·达瑞根：《喜马拉雅的神秘古碉》，深圳报业集团出版社，2005年。

通过考古发掘、文献资料和碳 14 测定的共同印证，嘉绒地区出现"古碉"这一建筑形式历史久远，且无论历史或是现在都是古碉分布最集中、数量最多的地区。据统计，丹巴县现存 300 余座古碉（不含房中碉），有专家认为，文献中的"千碉之国"就在今天的丹巴。

分布情况　既有考古遗址、历史文献和现存情况都共同印证，无论历史上或是现在碉楼在嘉绒地区的分布都非常之广。甘孜藏族自治州共有 18 个市县，其中 13 个有古碉，即丹巴县、康定市、九龙县、雅江县、道孚县、乡城县、稻城县、德格县、色达县、巴塘县、得荣县、白玉县和新龙县；阿坝藏族羌族自治州共有 13 个市县，其中 10 个县有古碉，即马尔康市、理县、汶川县、金川县、壤塘县、茂县、松潘县、小金县、黑水县和阿坝县。

结构类型　古碉的高度一般在 10 余米到 49.5 米之间（碉王：49.5 米，按现代住房建筑最低层高标准 2.8 米来算，相当于 17 层多），其中以 20-40 米之间的为多。层数有几层到十几层不等。

从碉楼的平面形状来看，四角碉平面呈"回"字形，五角、六角、八角、十三角平面外部呈菱形，六角、八角、十三角内部呈圆形。六角碉外部呈十二角，其中六个阳角，六个阴角；八角碉外部呈十六角，其中八个阳角，八个阴角；十三角碉外部呈二十六角，其中十三个阳角，十三个阴角。

从碉的坡面结构来看，有长方形、正方形和菱形。有三角碉、四角碉、五角碉、六角碉、八角碉、十二角碉、十三角碉等。其中四角碉、六角碉和八角碉居多，而三角碉、五角碉、十二角碉、十三角碉非常稀少。

五角碉比较特殊，是四角碉的一种变异形式，多出来的一角或完整或只有一部分。从对称的角度来看，有的第五角明显是地形原因所致（这种碉往往建在斜坡处），为了使建筑更加稳固、起支撑作用而特意加建的。

碉的内部结构有圆形、菱形，一般为 4 至 6 层，每一隔层用木架再加夯实的泥土筑成，层与层之间用独木梯相连。出入口一般在第二层，靠独木梯上下，也有的从最底部出入（如林芝的十二角碉，道孚县扎巴地区也有一座这样的八角碉）。据说，有的碉地下还有暗道，便于隐蔽出入和特殊时期解决生活用水等问题。个别地方的碉还发现有地下一层，如道孚扎巴有一八角碉紧靠民居，共 6 层，地下一层地面五层。红军路过时，在地下一层发现有大量粮食，帮助红军渡过了难关。丹巴县梭坡和中路乡个别碉内至今还能见到储备粮食和饮用水的粮仓和水井。碉除了门窗外，还有内大外小的竖长方形孔、三角形和"十"字形孔，用于瞭望、射击和采光。此外，也有特例，如道孚瓦日乡孟拖村有一栋至今保存完好的八角碉，此碉完全封闭，没有窗户和剑孔等，只有出入口，据说是富裕人家防备仇家或战时用的，平时用作居室，战时或特殊情况迁入碉内避难。另外丹巴县科尔金有一座实心碉，外墙已拆，实心内墙仍保存至今。

功能 从碉的现状来分析判断，建造碉的主要目的是用来防御避难。一、从建造位置来看，碉一般分布在崇山峻岭、高山峡谷的显要位置，如山岭、山谷和村口等，可以眼观六路，耳听八方，随时观察了解掌握特殊情况，在遥遥相望的古碉之间，及时传递信息。二、从结构来看，碉的出入口和窗户，特别是箭孔都明显具有防御功能。比如入口在二层，靠独木梯进出，且进入碉内后独木梯可以收回，避免他人进出，确保碉内人员的生命和财产安全。还有的碉之间窗户相对的形状，和不同形状的窗户和箭孔的朝向和外窄内宽的形状，都与防御有密切的关系。三、个别碉内明显具备短期居住条件和功能，如有水井、粮仓，甚至出入暗道。四、从平定大小金川的历史来看，也足以说明其防御功能。五、从建造的数量来看，不同历史时期建造数量如此多的碉，主要用来防御的是可信的。碉兴于战争，也毁于战争。六、从现存碉和遗址的结构和现状来看，极少有宗教或其他功能的遗迹，如宗教壁画、祭祀或宗教器物和专门用于宗教需要的特殊结构，从而确定碉并不具备宗教和其他功能。有的专家根据当地民众对碉有敬畏之心或个别碉作为宗教活动场所（包括转经、祭祀和修行等），而判断建造碉的初衷是宗教目的。笔者认为，这种理由有些牵强。因为，嘉绒地区民间认为，万物有灵，特别是高山、河流、湖泊、古树、古建筑物都有灵性，敬畏古碉也是情理之中。在众多的碉中只有极个别碉用作宗教活动场所。从结构来看，毫无迹象表明专门为宗教活动所建。

虽然不同时期、不同地方赋予古碉不同功能，但种种迹象表明，碉最原始的、最主要的功能应该是防御和避难。马长寿先生对古碉和民居之间功能的差异也有一段专门的表述，他说："屋以居人，碉以自卫，其功能各一，不能混而为一"[①]。当然，从文献资料和实地调研情况来看，随着社会的发展，碉的功能逐步多样化。如刘勇等在《鲜水河畔的道孚藏族多元文化》中说，道孚扎巴伍第村的八角碉是为"祭祀天神而建"。即："很久以前，人们寿命很长，能活千年，甚至万年，而且，当时世间还无教派之说，但天神存在，故为敬奉天神，就修建了多角碉——修建此类碉需十几年甚至几十年。"还有的说是"赞"来去的路线，有的说起镇宅作用，即只有建了多角碉的地方，人类才能定居繁衍。此外，人们还赋予碉权力、经济地位和其他民用等功能和意义。

---

① 马长寿：《氐与羌》，209 页，上海人民出版社，1984 年版。

四角碉

丹巴中路碉群

丹巴梭坡纳依村碉

丹巴革什扎拉夏碉

丹巴中路江依碉

金川撒瓦脚木赤碉

小金沃日土司官寨碉

丹巴巴底历碉

丹巴中路巴亥碉

壤塘宗科比利沟碉

马尔康木尔宗吾基碉

金川马尔邦曾达碉

丹巴中路碉

丹巴梭坡泽周村碉

丹巴中路姊妹碉

丹巴巴旺土司官寨北碉

金川安宁北关碉

理县薛城日落寨碉

金川庆宁杨家碉

丹巴巴底历碉

理县杂谷脑（营盘街）碉

金川俄热依拉碉

金川俄热依拉碉

马尔康梭磨代修碉

马尔康梭磨毛木错碉

金川撒瓦脚木赤碉

金川撒瓦脚木赤碉

黑水瓦山碉

阿坝柯河姊妹碉

金川观音桥确克碉

马尔康党坝昌都碉

马尔康木尔宗板登龙村确古碉

马尔康民居碉

金川河西马道碉

马尔康沙尔宗严达西碉

马尔康沙尔宗吉培碉

金川庆宁新沙碉

马尔康沙尔宗米亚足村波多碉

马尔康党坝土司官寨碉

金川河西马道碉

马尔康大藏格若足碉

马尔康沙尔宗觉足碉

马尔康梭磨代修碉

马尔康邓家村斯纳休碉

马尔康大郎脚沟古碉与嘉绒奇索圣山遥遥相望

金川集沐代学山下九子碉遗址

马尔康沙尔宗碉与新居

马尔康康山巴格碉

马尔康梭磨措古碉

马尔康木尔宗塔波东碉

马尔康梭磨措古碉

马尔康沙尔宗嘉萨碉

马尔康脚木足扎依白马碉

马尔康松岗五角碉

丹巴梭坡莫洛村五角碉

马尔康白湾乡大石凼五角鼻碉

马尔康白湾大石凼五角碉东侧

金川独脚沟五角碉

丹巴梭坡莫洛村五角碉北侧

马尔康沙尔宗嘉萨五角碉一侧

马尔康沙尔宗嘉萨五角碉全景

金川卡拉脚西多六角碉

金川卡拉脚西多六角碉

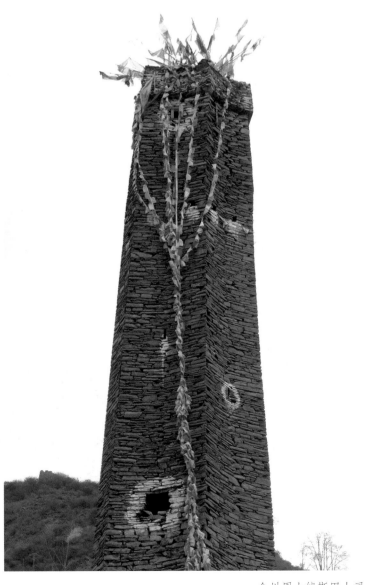

金川集沐绰斯甲土司周山官寨碉

金川周山绰斯甲土司六角碉

金川周山绰斯甲土司官寨多六角碉

金川撒瓦脚撒米六角碉

马尔康沙尔宗民居与六角碉

金川撒瓦脚蒙各若六角碉

金川撒瓦脚甲布脚村六角碉

丹巴中路呷仁依村呷扎八角碉

丹巴梭坡泽周村八角碉

康定朋布西八角碉

丹巴梭坡泽周村八角碉

道孚扎日村日西八角碉

康定朋布西八角碉

康定朋布西八角碉

康定朋布西八角碉

丹巴革什扎俄洛村扎西仁青林寺原址碉与村寨

康定朋布西日头村八角碉

丹巴革什扎俄洛村扎西仁青林寺原址碉

马尔康松岗土司若布八角碉　　　　　　　　　　　　　　金川观音桥越瓦八角碉

马尔康松岗直波八角碉

康定朋布西日头村八角碉

康定朋布西碉群

马尔康松岗直波噶珠八角碉

康定朋布西日头村八角碉

马尔康松岗八角碉

马尔康松岗八角碉与民居

马尔康脚木足波学八角碉

马尔康松岗直波八角碉

十三角碉

丹巴水子佐宫十三角碉

丹巴梭坡芝玛十三角与四角碉

丹巴梭坡芝玛十三角碉

丹巴梭坡芝玛十三角碉

碉局部及图案

金川撒瓦脚蒙各若碉楼雄性标志

马尔康市松岗八角碉入口

康定朋布西热么德双碉顶部

马尔康沙尔宗嘉萨五角碉顶部

康定朋布西八角碉出入口

金川集沐山周绰斯甲土司六角碉入口

马尔康白湾碉楼基石

丹巴芝玛十三角碉楼内部

康定朋布西八角碉墙体

马尔康梭磨土司官寨碉楼内部

康定朋布西八角碉碉角

马尔康康山麻卡多碉

金川俄热依拉碉

马尔康松岗四角碉楼顶

马尔康梭磨土司官寨碉

马尔康斯纳休碉与民居出入口

马尔康沙尔宗五角碉内部

康定朋布西八角碉顶

马尔康松岗八角碉顶

丹巴巴旺土司官寨碉出入口（下）和窗户

马尔康白湾大石凼五角碉局部

马尔康梭磨土司官寨碉花窗

马尔康松岗直波寨若布碉入口 丹巴梭坡芝玛十三角碉阴角

马尔康脚木足波学八角碉一侧

金川马尔邦曾达碉

民居篇

　　嘉绒藏族的民居也称"碉房"或"碉楼"，从建筑形式和结构来看，碉房是嘉绒藏族传统文化的重要组成部分。碉房的分布范围实际上与嘉绒文化区相吻合，碉房是嘉绒文化与牧区文化、康巴文化的分水岭，因此碉房是嘉绒文化的重要标志。

　　据法国旅行家弗德瑞克·达瑞根对丹巴县蒲角顶等两座民居取样的碳 14 测定结果表明，其中一座碉房的木材采伐时间为公元 1470—1810 年，另一座建于公元 1230—1300 年之间[①]。由于采集的民居标本有限，这两座民居不一定是现存最早的，但从中可见碉房历史的悠久。

　　嘉绒藏区民居的空间、形式和结构基本一致，但是在此基础上不同方式的外延和叠加，使嘉绒藏区不同地方的民居各具特色。因此，本画册中的民居主要以"县"为记叙单位，以全面展示丰富多彩的嘉绒碉房。

　　从建筑形式来看，嘉绒藏族的民居整体造型有四方形、回字形、L 形、品形、凹形等，多为"宫殿式"。其内部差异主要体现在建筑结构方面，其中比较有代表性的有两类：一是从立面来看，空间布局逐步收缩，越往上空间越小，呈"阶梯型"。嘉绒藏区民居一般依山而建，其"阶梯型"似是受"山体"造型影响，是不同环境下的自然选择，是人与自然和谐相处的结果；从平面来看，这类碉房属于组合型，即以"主楼"为中心，附加"耳房"（也叫"汉式灶房"和"新房"）或"雍仲一角"向外延伸。"雍仲一角"典型代表有甘孜州丹巴县民居和色达色尔巴民居。如丹巴民居除了主体外，有外延的耳房或雍仲。而色达县色尔巴民居一般只有主体，没有像丹巴这样的外延部分，主体有三至四层，有相对严格的规定，四层分别象征一个人身体的不同部位，即脚、腹部、胸部和头部。二是从立面来看，上下相对对称，从平面来看只有主体，没有外延部分，即没有附属建筑，整体形式自然简单。典型代表如马尔康、理县等地民居，选址多依山傍水，采光、日照、安全性、地形都是选址的重要因素。

　　从建筑结构来看，嘉绒民居属于石土或石土木结构。民居的稳定性和安全性靠墙体结构和木架结构共同支撑。外部结构主要是石泥墙体和木构墙体，内部结构主要是木构架。墙体有三种，一是以石材为主，中间靠泥土粘合，特别是粘性强的天然黄泥。墙体中还不断附加木条或石条，作为墙筋加固，有些民居墙筋之间的间距非常规则，不仅起承重作用，装饰效果也非常明显；二是板墙，在柱子之间叠加或镶嵌木板筑成；三是半圆型木墙，系在柱子之间叠加或镶嵌半圆型木筑成。其中第一种墙体是碉房外部结构的主体，第二、三种只在局部使用。有些建筑的单面墙体由第一、第二种或第一、第三种，或是第二、第三种筑墙

---

① 〔法〕弗德瑞克·达瑞根：《喜马拉雅的神秘古碉》，深圳报业集团出版社，2005 年。

方式合筑而成。建筑的内部结构是由柱子和大小梁架构成，柱子和梁的粗细大小是决定空间大小和建筑结构稳定性的关键，也是经济实力和社会地位的重要标志。嘉绒藏区与其他藏区一样也特别看重建筑结构中的柱子和梁，柱子越粗、梁越长，建筑体量越大、气势越宏伟。有的地方碉房内部完全是木结构，外部是石墙和木墙的结合，如甘孜道孚民居。

民居的空间布局是由功能确定的，以"人居"为中心布置空间，是嘉绒民居的重要特点。有的空间的功能是单一的、分明的，有的是多功能，可以共享的。民居主要由三个部分组成：一是生活场所，包括住房、客房、厨房、储藏室、公共空间等；二是生产场所，主要有家畜养殖和农作物加工储藏空间；三是为了满足宗教需求专设的供奉佛宝和法宝的经堂。

从民居的发展历史来看，随着时代的发展，建筑技艺更加娴熟，材料更加丰富，空间布局更加科学合理、造型更加美观多样、结构更加安全。从碉房的材料到布局、形式，结构变化是明显的。就材料而言，传统民居完全靠天然材料，如石材、木材、泥土和颜料，现代民居建筑的材料更加丰富，水泥、钢材、砖瓦、合成材料和化学颜料等也逐步进入嘉绒民居。除现代材料的引入之外，天然传统材料的加工也更精细，使用也更考究。再从空间布局来看，人的活动空间与牲畜分开，功能分布更科学合理。房屋门窗改进后，室内采光、舒适度明显提高，碉房以"人居"为中心的民居的本质属性更加凸现。

汉族建筑文化对嘉绒藏族民居的影响也是比较明显的。除雕刻和绘画内容中的汉族文化元素外，汉式灶、汉式梯、汉式客房等早已成为嘉绒民居不可分割的一部分。

个案1：丹巴民居的功能布局

丹巴民居的主体部分，一般为三层，过去也有四层的（第一层畜圈，现在普遍改在耳房下），一层共有三个空间，火塘（主要用于冬季，现在有的常年设在耳房）、生活用品储藏室（紧靠火塘，便于使用）、过道或走廊。第二层共有四个空间，客房或接待室（有耳房后使用频率低）、草料储藏室、外廊、过道。第三层分布有平台或晒台（用于加工粮食）、左右或上下室（用于加工、储藏或住宿等）、外廊（用于自然风干粮食或草料）。

碉共四层：第一层用于食品储藏室，第二层用于衣物或装饰等贵重物品的储藏，第三层一般做经堂，为供奉之地，第四层一般储藏冬季食物，如当地常用的干蔓菁（俗称圆根）叶子（加工酸菜用）。

耳房，一般为两层，一层是家畜养殖场所的畜圈；第二层共分三个部分，第一部分是客房，用于接待客人的客厅或住宿，也用于家人居住，第二部分是厨房和餐厅，过去主要在春季使用，现在有的已不分季节，第三部分是走廊。中间或局部有天窗，便于采光和空气流通。

房顶均为平顶，可以用来加工粮食或做为聚会场所。

个案2：马尔康民居布局

马尔康民居通常为三层。第一层：库房，用于存放劳动用具、牲畜饲料，牲畜圈舍分离在外侧。在第一层主楼侧面另建一处两层建筑，一楼为开放式空间，用于脱粒、晾晒农作物，二楼为厨房。过去基本没有这一建筑，当时厨房位于主体建筑的二层，厨房与客厅共为一室，晾晒农作物在第六、第七层。楼层由七楼变为三层后，功能布局发生变化。第二层墙壁四周展示房屋主人的各类厨房器皿。设客厅用于接待，另有主人卧室、客人卧室、粮仓。第三层：经堂、僧人卧室，用于煨桑的熏烟炉。四周墙角安插经幡。卫生间一般外延建在三层房屋外墙上。

个案3：克沙民居的结构布局

克沙民居是一种兼顾居住和防御功能的碉形建筑，主要分布在马尔康市沙尔宗乡的丛恩、哈林等村的河谷和半山腰地带，分布范围约方圆十公里。此地与牧区接壤，是农牧区之间的主要通道，地处偏僻，人烟稀少，为确保安全，形成了独具特色的单体碉形建筑。

现存民居建于清代中晚期，为石土木结构，高度一般为20米左右，共7层。墙体下厚上薄，逐步收缩。层与层之间搭架横梁，梁上铺圆木和木条，再用泥土夯实。

基本布局：底层为畜圈，单开门出入。第二层为火塘兼客厅，专设大门，外有一平台，靠独木梯出入，梯子可以随时收回，关上大门，即可保证安全。第三层为主人厨房、客厅。正屋为厨房，中间有火塘，此屋也是客厅，用于接待客人，房屋四周展示房屋主人的各类厨房器皿。另有一间房用于酿酒。第四层、第五层为卧室、粮仓。第六层为经堂，房屋周围为晾架，用于晾晒农作物。第七层设有熏烟炉，用于煨桑，安插经幡。第五、六层还有外回廊，供农作物和草料晾晒用。第七层有平台或晒台，供加工粮食和休闲之用，后有经堂，经堂两侧有回廊。每层有小孔或小窗户，用于瞭望、通风和采光。层与层之间靠独木梯上下。

丹巴民居

中路民居

中路

边尔党岭民居

聂呷民居

东谷乡民居

革什扎俄洛村

革什扎布科村

革什扎俄洛村婚礼

中路寨婚礼

丹东民居

丹巴藏寨

丹巴藏寨

中路民居与碉

丹巴俄落村民居

中路民居

布科寺远景

民居与碉

丹巴民居

梭坡民居与碉

巴旺村寨

中路藏寨

巴底村寨

中路藏寨

丹巴民居

革什扎巴朗村民居

革什扎俄洛村民居

丹巴藏寨

民居屋顶

民居火塘

丹巴民居石墙图案

丹巴民居碉楼煨桑处

丹巴民居屋顶

丹巴民居圆木墙及花窗

丹巴民居半圆木墙及花窗

丹巴民居半圆木墙及花窗

丹巴民居长廊外观

丹巴民居屋檐图案

丹巴甲居民居回廊

丹巴民居碉顶

丹巴民居独木梯

丹巴民居与碉

丹巴民居走廊

丹巴藏寨

革什扎俄洛村藏寨

康定民居

康定新都桥民居

朋布西民居与碉

朋布西民居

道孚民居

色达色尔巴民居

马尔康民居

梭磨代修碉楼与民居

木尔宗民居

党巴土司（泽郎更布）官寨

卓克基西索民居

卓克基西索村寨

白湾民居

邓家村民居

邓家村民居

梭磨民居

卓克基西索村寨

卓克基西索民居

白湾废弃的民居

松岗民居

沙尔宗民居

邓家村民居

邓家村民居

邓家村民居

英波洛民居

脚木足乡民居

查北民居

脚木足民居

脚木足民居

沙尔宗民居

卓克基西索民居

沙尔宗民居

沙尔宗民居

沙尔宗民居

沙尔宗民居与碉楼

大藏民居

沙尔宗民居

沙尔宗民居

沙尔宗克莎民居

沙尔宗克莎民居

沙尔宗民居窗户

卓克基民居

大藏民居

脚木足民居

117

沙尔宗民居

大藏民居

卓克基纳足民居

大藏民居

卓克基西索村寨

松岗直波民居与碉

松岗直波民居与碉

木尔宗民居

大藏民居

马尔康民居

马尔康民居

马尔康民居古碉

马尔康民居

马尔康大藏民居

马尔康民居

梭磨民居

松岗莫斯都民居

英波洛村寨

沙尔宗民居

沙尔宗民居

沙尔宗民居

沙尔宗碉与民居

沙尔宗民居火塘

沙尔宗民居独木梯

沙尔宗民居室内独木梯

沙尔宗民居火塘橱柜

沙尔宗民居室内木梯

沙尔宗米亚足民居

金川民居

卡拉脚布基村民居

太阳河民居

周山绰斯甲土司官寨碉及民居

卡拉脚头人的官寨与碉

集沐民居

藏寨

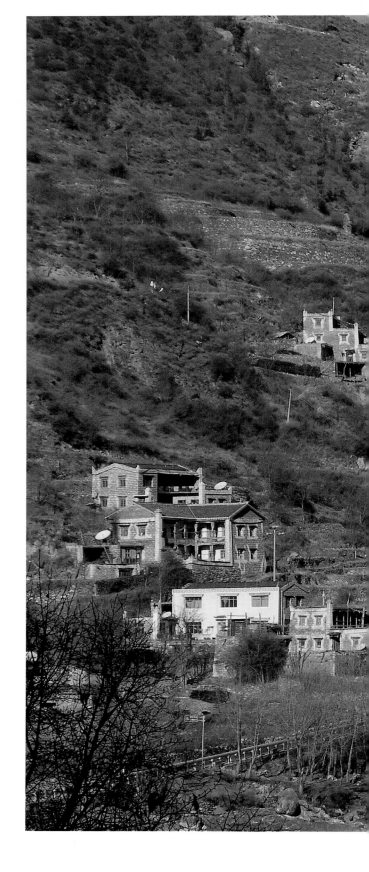

集沐根扎藏寨

小金民居

扶边墨龙寨门

日隆民居

日隆樟木村寨

结斯沟民居

甘堡藏寨有菱角的房屋　　　　甘堡藏寨　　　　甘堡藏寨通道

甘堡藏寨外廊

甘堡藏寨内通道

甘堡藏寨通道

甘堡民居

上孟木尼村民居

猛古村民居

猛古村黄土梁

夹壁三家寨民居

理县村寨

米亚罗尽头村民居

甘堡村寨

理县民居外墙图案

甘堡藏寨

甘堡藏寨碉及藏寨

米亚罗村藏寨

甘堡热尔足村藏寨

壤塘民居

宗科日斯满巴民居

宗科日斯满巴民居

修卡村寨

宗科日斯满巴民居

尕多型木达村

壤塘尕多型木达村

宗科日斯满巴民居

宗科加斯满村寨

南木达村

日斯满巴民居

茸木达巴生村寨

155

黑水民居

沙石多干市坝村

官寨篇

在嘉绒地区，元、明、清不同历史时期皆实行过土司制度，即册封当地首领为"土司"或"土官"，实行世袭官职，作为管理地方事务的地方首领。嘉绒藏区号称"十八土司"之地，其间还有不少"头人"。土司或头人的住宅习惯叫"官寨"，"官寨"在嘉绒地区有不同的称谓，丹巴革什扎、金川周山等地叫"dzɐl sha"（ རྒྱལ་ས，直译为"王宫"），顾名思义就是土司或头人的居住之地。

官寨是嘉绒建筑的主要形式。从史料来看，土司头人兴衰更迭，修建的住宅数量自然不少，有的土司或头人还几移宅址，先后在不同地方修建过官寨（如绰斯甲土司共有三处官寨，金川集沐乡周山村是目前唯一保留的遗址）。遗憾的是留存至今的有关官寨的历史图片和文字资料极少，保存下来的实物更是凤毛麟角。

官寨是土司或头人进行社会管理、宗教活动、商业活动和生活居住的场所。官寨比民居的建筑体量更大、耗费的人力物力更多、结构布局更复杂、功能更多、防御性能更强，是权力的象征，也是当地最具标志性的建筑。

官寨是嘉绒建筑的特殊形式，其特殊性主要表现在以下几点：一是从功能来看，一般民居主要是生活和生产场所，而官寨除了一般民居的功能外，还必须具备社会管理功能，如接待室、议事处、监狱等。二是从建筑形制来看，历史资料表明其不像民居有相对统一的形制官寨，有"回字型"或"半回字型"及其他建筑形式，如卓克基土司官寨、丹巴革什扎头人（索罗·普玛太和吉牛·巴登）官寨。三是嘉绒官寨是汉藏建筑文化交流交融的结晶，在建筑材料、工艺、造型、绘画和雕刻等方面既保持了传统民居特色，也吸收了汉族建筑的一些元素，比如丹巴革什扎头人官寨的建筑材料、墙体结构、工艺、绘画雕刻等仍然保持传统，除局部外仍沿用了当地建筑的平顶特点，但是官寨屋顶局部铺设琉璃瓦、内有回廊；卓克基官土司寨建筑平面和外观采取中轴对称形式，侧立面为前低后高，采取拖厢做法，正面大门设在南屋正中，经堂设在北屋正中，两厢做坡屋顶，有的内部装饰仿汉式花纹；小金沃日土司官寨琉璃瓦顶和外廊等等。以上这些显示，嘉绒官寨在保持传统基础上吸收了汉式建筑元素，是汉藏文化交流的重要历史依据。四是官寨是权力的象征，周围一般都建有一座或两座标志性的碉，周围建筑物包括其他碉房和民居不得高于此碉。卓克基土司还规定，民居不得建成坡顶。《旧唐书》卷197记"东女国"条："其所居皆起重屋、王至九层、国人至六层"。五是官寨的结构布局更加复杂。官寨首先是土司或头人的生活场所，其次是当地最高社会管理机构的运行场所，因此官寨还必须具备相应处理社会事务和宗教事务的功能。比如，卓克基土司官寨共5层，第一层为作坊、仓储室，第二层至第四层为土司及家人、头人、管家、佣人的生活和工作场所，经堂在第四层和第五层北屋正中，上下贯通，周围为转经廊，第五层经堂两侧为喇嘛卧室。官寨西侧建有碉，与西厢第三、四和五层相通。西南侧还建有监狱。从整体来看，官寨是当地社会经济发展的集中体现，是集体智慧和财力的结晶，是嘉绒地区最具特色的标志性建筑。

个案：丹巴县革什扎俄洛村头人官寨（索罗·普玛太和吉牛·巴登）

丹巴县革什扎官寨坐落在俄洛村上半寨，依山而建，海拔2300米左右。据当地老人讲，官寨最早由头人索罗·普玛太（笔者的祖爷）负责建成，具体建造时间不详。后来人为烧毁后，由头人吉牛·巴登负责在原址复建，复建时间估计在公元1935至1940年之间。先后有两任头人在革什扎官寨行使头人权力、管理社会事务。

笔者出生在丹巴县革什扎乡俄洛村。记得1976年左右，头人官寨保持尚好，是生产队的粮食加工、储藏和集体活动场所，小时经常出入玩耍，对其结构布局等非常熟悉。四川省台湾同胞联谊会原秘书长赵宏同志是我的同乡，他家是头人的邻居，其父是头人的文书兼厨师，与头人私交很深，他从小出入官寨，十分了解。他在《美人谷的风》[1]中有一段关于官寨的描述，我认为非常详细准确，是目前关于官寨最翔实的文字记录，是宝贵的历史资料。为便于全面了解官寨，现摘录如下（原文土司实为头人）：

土司官寨坐西朝东，依山而筑，"回"字布局，中间是天井，楼高六层，房侧有一座四角高碉。二、三、四层楼房均建有面对天井的木板走廊，四角有一米宽的木梯上下楼。官寨底层为佣人、娃子居住处和行刑室、牢房。二层是管家、师爷、通师（翻译官）、保镖居住和厨房用餐处。三层是会客厅、娱乐室、茶房和土司用餐处。四层是土司全家卧室，贴身佣人卧室和金银财宝等贵重物品储藏室。五层是喇嘛、道士居住，是诵经、打卦、从事佛事活动的地方。六层半边是平顶屋面，是专门留给喇嘛早晚或土司进出时

---

① 赵宏：《美人谷的风》，第29-30页，四川出版集团，四川民族出版社，2004年。

吹奏唢呐和长号的地方。半边加高一层，是供佛、祭天和烧香熏烟的地方。房顶盖青瓦，并插着象征天地水火的红、黄、蓝、白四色经幡。房顶四周有4根向墙外伸出1米多的木雕龙头，龙的下唇挂着一个大风铃，只要一刮风，四角的风铃便叮当有声。每层屋檐和窗框都进行彩绘和油漆。第三层的会客厅、茶房和第四层的土司卧室更是雕龙画栋，满墙壁画。柱头上也挂着绘制得十分精细的唐卡画（即画在布上的藏画）。进官寨大门的两侧墙壁上，彩画四大金刚顶天立地，让人望而生畏。官寨大门口一对大石狮，虎视眈眈，造型栩栩如生。大门正对面，一块高约4米的石墙屏风上画了一对回首含珠的金龙。一看这建筑造型和装饰形式，就体现出藏传佛教寺庙与汉区王宫贵府造型有机结合的典型建筑风格。官寨大门外还修建两道木结构的龙门，土司和太太外出一般都在官寨大门口上马，骑着马进出两道龙门，随行人员只能走出两道龙门后方能上马。

附：嘉绒藏族部分土司官寨一览表（本部分藏文名称来源于土司档案和民间手抄本）

大金川土司（来源：走访）共有四处官寨：

勒乌（阿坝州金川县勒乌乡）ལེ་བར།

苟尔光（阿坝州金川县万林乡）གར་སྐྱོང་།

咯里呷（阿坝州金川县咯尔乡）ཀ་ཞིང་ཀ

噶喇依（阿坝州金川县安宁乡）ཀ་ལ་ཡི

小金川土司（来源：赞拉·阿旺措成口述）共有四处：

美诺（阿坝州小金县城）

金格（阿坝州小金县扶边）ཀྱིས་ཀོ

僧格宗（阿坝州小金县新格乡） སེང་གེ་རྫོང་།

德达宗（阿坝州小金县扶边与木坡交界处）ཉེམ་དར་རྫོང་།

沃日土司（来源：赞拉·阿旺措成口述）共有四处：

沃日德（阿坝州小金县东风乡）དབང་ཞིང་གཉི།

日尔（阿坝州小金县日尔乡）རུར།

达维（阿坝州小金县达维乡）ཏ་ཝེ།

卡贡（阿坝州小金县四姑娘山镇）མབར་ཀྱམ།

卓克基土司［来源：《马尔康县文史资料》第一辑（四土历史部分）］共有六处：

卓克基（阿坝州马尔康市卓克基镇）མཆོག་རྩེ་སྒྱལ་མོ་རྫོང་།

纳足（阿坝州马尔康市卓克基镇纳足村）ར་རྒྱུ

马尔康（阿坝州马尔康市）འབར་ཁམས

大藏（阿坝州马尔康市大藏乡）ད་ཚང

龙尔甲（阿坝州马尔康市龙尔甲乡）གདོང་བརྒྱུད

日拉达（阿坝州马尔康市草登乡）

松岗土司［来源：《马尔康县文史资料》第一辑（四土历史部分）］除主官寨（盘热执政时代）盘果（阿坝州马尔康市松岗镇盘果山梁 ཙོང་འབག་རྣམ་རྒྱལ་འགྱུར་མེད་ཕུན་ཚོགས་གླིང་།）共有十处官寨：

松岗、沙佐、日部、科亚桑佐尔、沙尔宗、卜志、沙市、木尔宗卡尔吾、白湾扁牙若、日格米

党坝土司［来源：《马尔康县文史资料》第一辑（四土历史部分）］官寨共有六处：

勒德尔宗（阿坝州马尔康市党坝乡孙南村）

麻让（阿坝州马尔康市党坝乡境内）

斯多鸠（阿坝州马尔康市党坝乡境内）

仓斯都（阿坝州马尔康市党坝乡境内）

卡尔吾（阿坝州马尔康市党坝乡阿拉伯村）

达佐（阿坝州马尔康市党坝乡石戈坝）

梭磨土司［来源：《马尔康县文史资料》第一辑（四土历史部分）］官寨共有五处：

泽登宁（阿坝州红原县刷经寺镇，达拉·更确斯甲执政时期）ཚོ་བཏན་གླིང་།

梭磨卡罗尔伍宁（阿坝州马尔康市梭磨乡，罗尔伍当政时期）སོ་མང་གཡར་ནོར་བུ་གླིང་།

日多卡（阿坝州黑水县芦花）

米亚罗（阿坝州理县米亚罗镇）

夹壁（阿坝州理县夹壁）

绰斯甲土司（来源：走访）官寨共有三处：

周山（ཁྲོ་སྐྱབས་དྲག་རར་རྣམ་རྒྱལ་འཕྲུག་མོ་ རྫོང་ 藏文名称来源：《嘉绒藏族历史文化丛书》），在周山区公所三公里处，只剩建筑物的部分残垣断壁。

木赤（阿坝州金川县卡拉脚乡），三处官寨之最小，已经毁坏。

巴勒（阿坝州金川县卡拉脚乡），此官寨是三个官寨中规模最大、建筑最宏伟，在"文革"时期被毁。

革什扎土司（来源：走访）官寨一处：

丹东（甘孜州丹巴县丹东乡）

巴底土司（来源：兰卡次成口述）官寨共有五处：

邛山（甘孜州丹巴县巴府镇邛山村）ཁྱུང་གཤམ

扎谷（甘孜州丹巴县巴底乡沈洛村）བྲག་འགོ

扎格（甘孜州丹巴县巴底乡骆驼沟）བྲ་གོད

巴旺（甘孜州丹巴县巴旺乡光都村）

甲居（甘孜州丹巴县聂呷乡聂呷村）

小金沃日土司官寨

沃日土司官寨转经楼

沃日土司官寨转经楼

沃日土司官寨转经楼与碉

沃日土司官寨碉

163

沃日土司官寨远景

马尔康土司官寨

卓克基土司官寨碉与民居

卓克基土司官寨回廊

卓克基土司官寨回廊

卓克基土司官寨大门

卓克基土司官寨

卓克基土司官寨天井

卓克基土司官寨回廊

171

马尔康党坝土司卡尔吾官寨

马尔康党坝土司朵南官寨碉一侧

马尔康梭磨土司官寨碉

马尔康党坝土司朶南官寨碉

马尔康木尔宗头人官寨

马尔康松岗土司官寨碉

马尔康卓克基土司官寨碉

丹巴巴底土司扎谷官寨

丹巴巴旺土司甲居夏宫

丹巴巴底土司邛山官寨及碉正面

宗教建筑篇

嘉绒藏区历史上主要信奉原始宗教和苯教，后来佛教的不同教派相继传入，原来的苯教寺庙纷纷改宗，包括最有影响的"雍仲拉顶"（广法寺）（现在又改为苯教寺）。除了官寨外，宗教建筑无疑是当地最具标志性的建筑。宗教建筑主要有寺庙、塔、转经楼、嘛呢堆和其他祭祀场所。

目前，我们无法统计嘉绒地区到底有多少寺庙，但是，从马尔康市、丹巴县的寺庙数可见一斑。据《马尔康县志》（四川人民出版社，1995 年 10 月）记载，马尔康县（现已改市）不同时期的寺庙分别有：新中国成立初有 11 座苯教寺庙，民主改革时期有宁玛派寺庙 41 座，解放初萨迦派寺庙 4 座、民主改革时期有觉囊派寺庙 17 座（明嘉靖年获朝廷认可的达 31 座）、新中国成立前有格鲁派寺庙 11 座。据《丹巴县志》（民族出版社，1996 年 6 月）记载，1988 年丹巴县苯教、格鲁派、萨迦派、宁玛派等共有寺庙 32 座。

与其他藏区宗教建筑相比较，嘉绒地区寺院的建筑结构、功能等方面既有共性，也有独特性。一是规模小、殿堂数量少、功能布局简单。除了一些佛教和苯教寺庙、转经楼外，有的甚至没有成型的建筑，仅仅是相对固定的宗教场所而已。二是在建筑材料、工艺、造型等方面具有浓郁的地方特色，特别是早期宗教建筑仍然保留着当地民居的特点。如丹巴萨拉库转经楼、马尔康木尔宗寺、大藏寺僧舍。三是嘉绒地区与内地相连，是汉藏文化交流交往的主要通道，寺庙建筑的造型和工艺方面，也吸收了汉族宗教建筑的诸多元素，这一点在现代宗教建筑中更加突出。比如寺庙的顶部一般为琉璃瓦，而不是藏式平顶，如革什扎布科寺、马尔康昌列寺等。四是除个别宗教建筑外（如中路一座苯教寺庙横梁取样的碳 14 测定显示，其建筑年代大约在公元 1180—1290 年），现存宗教建筑的历史一般都比较短。五是不少村寨和家庭内至今还有不少宗教活动场所和祭祀场所，仍然保留原始和简单的状态。六是从使用功能来看，有的宗教活动场所是不同宗教、不同教派共享共用的。

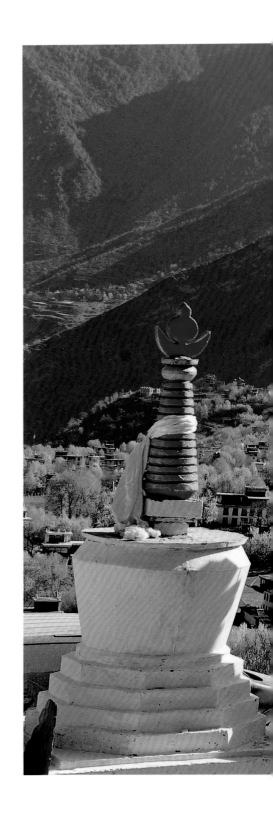

中路佛塔

中路基卡依转经楼

中路萨拉科转经楼

中路沙拉科寺

中路岩窝寺大门外侧

中路岩窝寺大门内侧

184

大桑雍仲德庆林寺

革什扎俄洛村转经塔

185

中路民居楼顶煨桑塔

墨尔多寺庙会

革什扎布科寺法会

墨尔多神山煨桑台

巴底雍仲达吉岭寺与村寨

大桑雍仲德庆林寺

昌列寺大殿

松岗白塔

卓克基查米村毗卢遮那圣窟

卓克基纳足村察柯寺

卓克基丹达轮寺

卓克基丹达轮寺

松岗新建的罗布林寺

莫拉寺

木尔宗寺

大藏寺僧舍

大藏寺僧舍

大藏寺僧舍

大藏寺僧舍

马尔康大藏寺

昌列寺

脚木足佛塔与碉

邓家村蒙古扎西曲宁寺

沙尔宗核尔亚寺

观音庙

独角沟良美坚赞出生地

观音庙佛塔

观音庙

观音庙

观音桥四玛都村煨桑塔

广法寺后院残存的佛塔

安宁粮台喇嘛寺

广法寺（也称雍仲拉顶）

据传东女国城墙遗址和金川独角沟苯教大师良美坚赞出生地

独角沟良美坚赞出生地

广法寺（雍仲拉顶）

金川集沐根扎岩石上的佛塔

昌都寺

集沐多路寺庙遗址

绰斯甲土司六角碉楼周围新建的转经廊

小金宗教建筑

上孟桑登寺全景图

下孟弥勒寺小殿

宝殿寺大殿正面

米亚罗桑丹寺大殿全貌

中壤塘康木达村佛塔

多门吉祥塔

扎西曲林寺

曾克寺碉

建筑工艺篇

嘉绒建筑的内涵非常丰富，包括建筑结构、建筑工艺、建筑文化，甚至涉及军事战略，其中建筑工艺是一项非常重要的内容。所以，我们对照片进行分类和编排时，专设"建筑工艺"部分，旨在通过从不同角度拍摄的图片突出展示嘉绒建筑工艺的丰富内涵。

该部分通过图片展示的建筑工艺主要包括：

一是建造和维修的过程。包括备料、选料、奠基、修建、竣工、维护维修等环节，以及各地围绕开工奠基、封顶、竣工和乔迁等重要环节的独特文化习俗。

二是建筑技艺。从建筑学角度来看，现存古碉、民居经历地震等各种自然灾害，经过几百年甚至上千年的日晒雨淋，有的依然完好无损，保存至今，我们在为匠人的高超技艺惊叹折服之余，也想通过图片展示这些建筑的石匠和木匠等传统技艺。比如，在建造过程，由木匠负责设计或与石匠和房主共同制定设计方案。按照房主的要求，凭借经验确定建筑的大小、布局。建筑墙体的厚度、宽度，以及梁柱和门窗等部件的大小，都有一定的范围尺度，绝不能随意而为。在整个建造过程中没有现成的设计图，完全靠记忆和口口相传的经验。确定整体方案后，再标示具体建造方位，边绘边建。负责构思的木匠一方面向石匠交代具体要求，一方面自己逐一完成木材选料及加工梁、柱、门窗等部件的任务。石匠则按照要求，采用吊线，确定墙体厚度、宽度和垂直情况，然后将长宽、厚薄、大小形状不一的石头，采用敲、粘、垫、垒、砌等手段，上下错落叠加，避免对缝。石料之间用粘性绝佳的天然泥土黏合，墙体中以一定间距附加长条石或圆木或木板作为墙筋，起支撑稳固墙体的作用。铺设石材时，通常将石材的光滑部分朝外，使墙体显得平整美观。墙的四角是房屋受力最集中的部分，也是房屋是否坚固的关键，是砌墙工程的"压轴戏"。所以，多由技艺最高超的石匠承担，选用较长较厚的"墙角石"进行砌筑，达到美观和坚固的有机结合。防水是建筑的重要内容，也是衡量建筑质量的重要标准。古碉和民居牢固且保存长久，与科学的防水工艺是分不开的。防水手段和形式有以下几种：一是从屋顶上下功夫，"以排为主，以防为辅"。传统建筑物屋顶一般为平顶，有专门的木制排水槽，依靠屋顶标高的差异，即利用木槽方向低、其余部位高的形式，及时将雨水、雪水汇入排水木槽，避免屋顶积水造成渗水或往墙面溢水。二是建造屋檐，即房顶向外延伸，伸出墙外形成屋檐。在屋檐结构中还附加几层石板并适当向外延伸，这样更容易将雨水挡住，避免雨水渗入墙体。屋檐在主要的防水功能之外，还起装饰作用。三是墙体自带排水功能。石墙是用石头错缝叠加构筑的，雨水可沿墙体缝隙自然排出，且雨水不会渗透墙体，从而达到防水作用。四是建筑的二、三层或其他楼层的外廊除基本使用功能外，也有防水作用。总之，巧妙地利用当地建材原料精心打造的居室，既可抗震防雨水，也是冬暖夏凉的居家乐园。

三是建筑绘画和雕刻艺术。嘉绒建筑除了建筑形式和结构的美观外，室内外的绘画和雕刻艺术也处处起到画龙点睛的作用，彰显嘉绒建筑艺术的魅力。实施绘画和雕刻的主要部位有墙体（特别是木墙和板墙）、天花板、客房的板墙和雕花、屋檐、门窗等等，这些工序主要由木匠来完成，个别地方也专门请技艺较高的画师绘制。嘉绒民居除了实现以人居为中心的功能需求外，也以色彩、绘画、雕刻和其他建筑技艺手段实现建筑之美。嘉绒建筑是工匠们集体智慧的结晶，是建筑艺术的精品。矗立在村落和田间的古碉与民居不仅满足了居家、防御等需求，也是人与自然和谐相处的杰作。

四是文化内涵。嘉绒建筑中的色彩、绘画、雕刻和建筑形式不光有装饰作用，给人以视觉的美，同时还包含着丰富的文化内涵。比如绘制和雕刻的图案中有植物、动物和特定的文化符号，包括花草、浮云、龙、凤、鱼、仙鹤、麒麟和金刚结等吉祥物，有避邪、镇宅、喜庆等特定的文化含义。绘画和雕刻的位置有严格规定，讲究工整对称，不同建筑部位所绘制或雕刻的图案都是约定俗成的。绘制或雕刻中还吸收了不同民族，特别是汉族的文化符号。所以，嘉绒的建筑艺术也充分体现了汉藏文化交流的历史事实。《阿坝文物揽胜》[①] 中关于"绰斯甲土司家庙"的雕刻和绘画的描写可见一斑："第一层为门楣用雷纹，第二层用递减法雕刻几何形方块塔形图案，第三层彩绘莲花。门额绘双龙戏珠浮雕，门上右边彩绘虎，左边为一僧人牵马之偶蹄类动物。门厅内墙彩绘四大天王像和佛经故事。经堂内彩绘佛经故事和绰斯甲土司来源传说，壁画绘制精美，传说故事具有较高的史学价值"。

① 阿坝藏族羌族自治州文物管理所编，四川民族出版社，2002 年 11 月，27 页。

丹巴革什扎沃色碉内部壁画

马尔康卓克基西索民居外墙图案

马尔康卓克基西索民居外墙图案

小金沃日土司官寨转经楼雕花斗拱

壤塘宗科日斯满巴碉房楼梯

丹巴民居木墙与花窗

小金民居大门

马尔康卓克基西索村民居大门

丹巴民居木墙与花窗

丹巴民居木墙与花窗

康定木雅民居花窗

丹巴民居门楣

丹巴民居柱子

理县民居外墙绘图

小金沃日土司官寨转经楼木雕

小金沃日土司官寨转经楼外廊

丹巴民居天花板

丹巴民居墙花

丹巴民居室内木墙与花窗

小金民居的经堂装饰

丹巴民居柱子

小金沃日土司官寨雕花

丹巴民居圆木墙

理县民居花窗

丹巴民居圆木墙及花窗

丹巴民居花窗

丹巴革什扎民居木墙外观

丹巴民居精美的木雕窗户

丹巴民居木窗

丹巴革什扎民居木墙与花窗

丹巴民居精美的木雕窗户

丹巴民居板墙与花窗

小金沃日土司转经楼上的六字真言

小金沃日土司转经楼上的狮子图案

小金沃日沃日土司转经楼上的海螺和龙图案

丹巴革什扎民居墙体图案

马尔康松岗土司官寨四角碉上的牛头图案

丹巴巴底土司邛山官寨大门

丹巴中路戈碉白塔图案

丹巴巴旺呷孟碉青蛙图案

丹巴梭坡八角碉楼白塔图案

马尔康脚木足扎依白马碉楼

丹巴巴旺呷孟碉楼上的牛头图案

丹巴中路玛黑碉牛头图案

马尔康梭磨土司官寨碉

马尔康脚木足民居牛头图

马尔康松岗土司官寨碉

丹巴民居木雕龙头

243

丹巴革什扎乡萨沃碉上镶嵌的图案

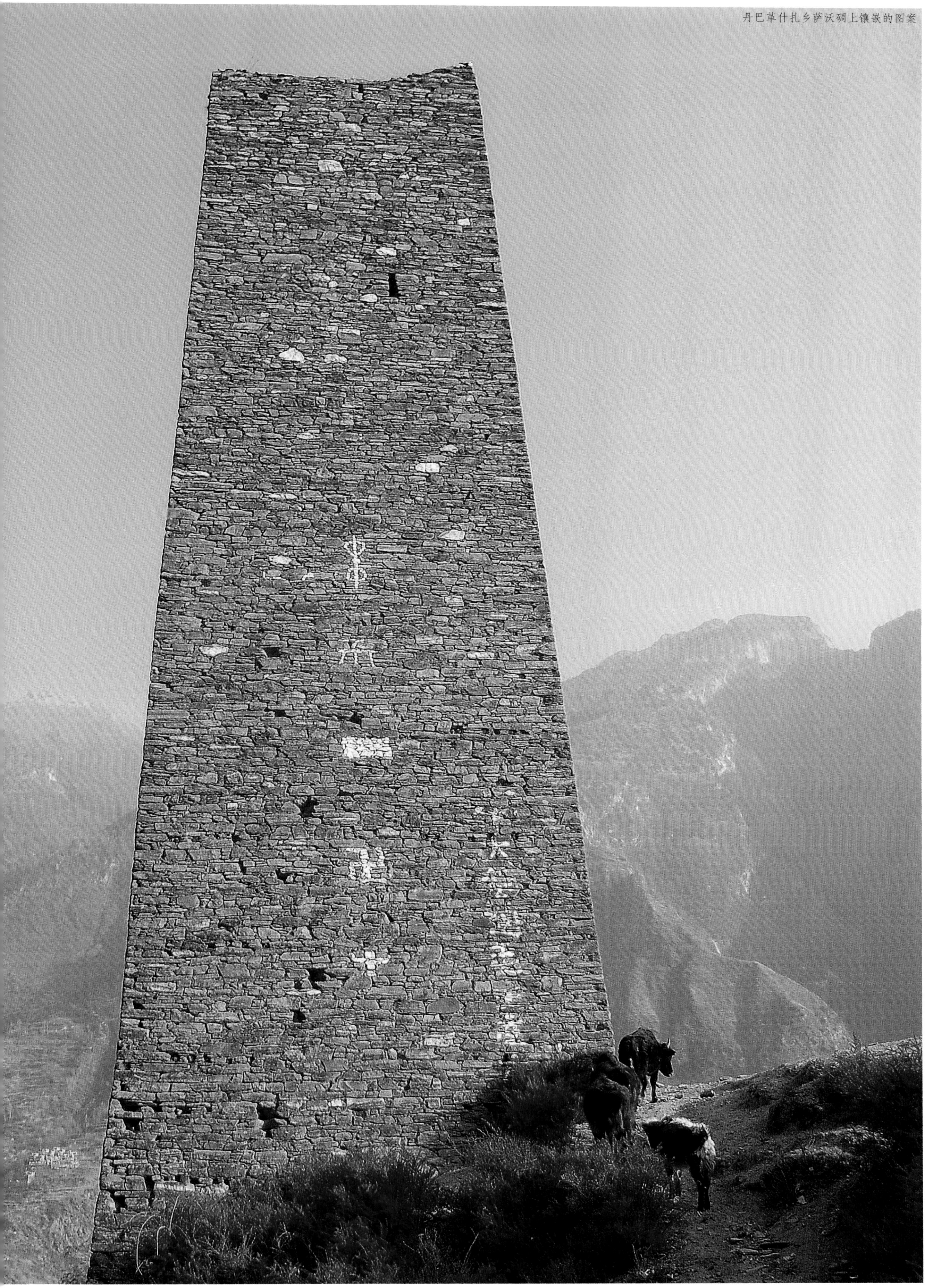

马尔康沙尔宗民居花窗

金川太阳河热达门村芒
格热家的老房子窗户

马尔康民居外墙绘图

马尔康大藏青坪村民居外墙牛头

丹巴巴旺民居板墙与板窗

马尔康民居外墙绘图

丹巴民居耳房回廊

维修之中的马尔康官寨松岗土司碉

马尔康脚木足石匠砌墙中

丹巴中路基卡依村维修民居

道孚民居内部主要是木构架，由柱子和大小梁架构而成

木构架和木构墙体的外部结构

一层铺顶，传统工艺多用树枝和泥浆来施工

道孚民居施工现场

道孚民居石泥墙与木结构

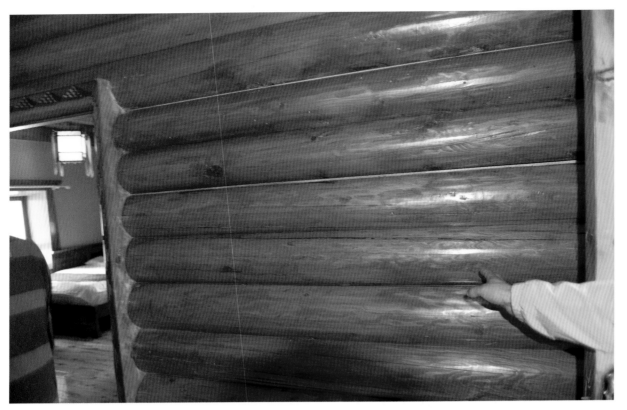

历史影像篇

嘉绒地区的古碉与碉房早已引起国内外有关专家、旅行家的关注，留下了许多极为珍贵的图片资料。这些古碉和碉房有的已经不复存在，有的建筑形式也发生了较大变化。所以，流传至今的老照片极为珍贵。为了便于大家了解这些建筑的历时变化，我们将征集到的历史照片分成两部分：一是对同一建筑不同时期的照片，并进行对比，反映历史变迁；二是单一的历史照片。百年老照片的说明文字尽量沿用原文字，明显有误的进行了修正。照片来源如下（部分照片为扫描件）：

1. 英国旅行家、英国皇家地理学会第一位女会员伊莎贝拉·伯德（Isabella Lucy Bird Bishop）拍摄于1896年的照片，由英国皇家地理学会提供。[©Royal Geographical Society（with IBG）]

2. 英国人约翰·韦斯顿·布鲁克（John Weston Brooke）摄于1908年的照片，由英国皇家地理学会提供。

3. 植物学家欧内斯特·亨利·威尔逊（Ernest Henry Wilson）拍摄于1908年的照片，由美国哈佛大学阿诺德树木园图书馆提供。[©President and Fellows of Harrard College. Arnold Arboretum Archives.]

4. 美国社会学家西德利·戴维·甘博（Sidney David Gamble）拍摄于1917年的照片，由美国杜克大学图书馆提供。[©Sidney D. Gamble Photographs, Duke University David M. Rubenstein Rare Book & Manuscript Library]

5. 我国影像人类学先驱，纪实摄影大师庄学本先生拍摄于1934年、1938年的照片，由其儿子庄文骏先生提供。

6. 我国著名人类学、民族学专家芮逸夫拍摄于1941年的照片，现存于台湾"中研院"。

跳锅庄（雍仲达吉岭寺，庄学本摄于1938年）

革什扎大寨（庄学本摄）

丹巴巴底雍仲达吉岭寺（庄学本摄）

丹巴八角碉官寨（庄学本摄）

中路杨正元家（庄学本摄）

丹巴巴底土司邛山官寨及碉（吴尔尖摄于1984年）

大桑寺

丹巴大桑雍仲德庆林寺（20 世纪 50 年代 ）

丹巴大桑雍仲德庆林寺（2018 年）

丹巴革什扎土司位于丹东的官寨和碉（布鲁克摄于 1908 年）

丹巴革什扎土司官寨及碉楼遗址（红音、阿根摄于 2008 年）

大吉林寺（注：丹巴巴底雍仲达吉岭寺，庄学本摄于 1938 年）

丹巴巴底雍仲达吉岭寺（兰卡次成摄于 2016 年）

中路碉

丹巴中路碉群（威尔逊摄于 1908 年）

丹巴中路碉（摄于 2008 年）

丹巴中路（庄学本摄）

梭磨土司丘地官寨及碉（伊莎贝拉摄于 1896 年）

梭磨民居（伊莎贝拉摄于 1896 年）

卓克基土司官寨内跳锅庄（庄学本摄）

卓克基土司官寨内跳锅庄（庄学本摄）

党坝土司官寨及碉（布鲁克摄于 1908 年）

党坝土司官寨碉（红音、阿根摄于 2007 年）

松岗土司官寨及碉

松岗土司官寨及碉（布鲁克摄于 1908 年，原照存于英国皇家地理学会）

松岗土司官寨碉楼（摄于 2007 年）

维修后的松岗土司官寨碉楼（摄于 2017 年）

马尔康松岗土司官寨碉楼（摄于 2007 年）

梭磨土司官寨及碉

梭磨土司官寨及碉楼（伯德摄于 1896 年，原照存于英国皇家地理学会）

梭磨土司官寨碉（摄于 2008 年）

卓克基土司官寨及碉

卓克基土司官寨、碉及村寨（布鲁克摄于1908年，原照存于英国皇家地理学会）

卓克基土司官寨碉（布鲁克摄于1908年）

卓克基土司官寨、碉及村寨（摄于2007年）

马尔康卓克基土司官寨碉（摄于2008年）

沃日土司与达维官寨（威尔逊摄）

沃日土司官寨（威尔逊摄）

沃日土司官寨（威尔逊摄于 1908 年）

沃日土司官寨碉与转经楼

汶川历史照片

瓦寺土司官寨及碉

瓦寺土司官寨碉（甘博摄）

瓦寺土司官寨及碉（威尔逊摄）

瓦寺土司官寨牌坊（甘博摄）

瓦寺土司官寨琼鸟（甘博摄）

瓦寺土司官寨转经楼（甘博摄）

瓦寺村寨（甘博摄）

瓦寺土司官寨转经楼（甘博摄）

杂谷脑碉及外廊（甘博摄于1917年，原照存于美国杜克大学图书馆）

甘堡

甘堡（伯德摄于 1896 年）

甘堡藏寨（红音摄于 2005 年）

宝殿寺

宝殿寺俯视图局部（摄于 2016 年）

宝殿寺（甘博摄于 1917 年）

宝殿寺大塔和小塔（甘博摄于 1917 年）

宝殿寺佛塔（甘博摄于 1917）

宝殿寺全景（庄学本摄于 1934 年）

危关碉

2008 年汶川 5·12 大地震中受损的危关碉楼（摄于 2010 年）

理县危关碉楼（甘博摄于 1917 年）

危关碉楼（芮逸夫摄于 1941 年）

维修后的危关碉楼（摄于 2016 年）

宝殿寺窗户（甘博摄）

前往瓦寺土司官寨途中的塔（甘博摄）

杂谷脑转经楼（甘博摄）

杂谷脑碉楼（甘博摄）

宝殿寺下方的民居（甘博摄）

宝殿寺下方的民居（甘博摄）

杂谷脑（甘博摄）

杂谷脑山边的民居（甘博摄）

高守备衙门（甘博摄）

理番（理县薛城）（甘博摄）

转经楼外廊（甘博摄）

杂谷脑（甘博摄）

高守备衙署经幡（甘博摄）

宝殿寺主殿（甘博摄）

杂谷脑民居（甘博摄）

危关悬臂桥（甘博摄）

杂谷脑寺庙（庄学本摄）

杂谷脑碉

理县杂谷脑危关碉（摄于 2008 年）

理县杂谷兴隆场碉（甘博摄于 1917 年）

理县杂谷脑兴隆场碉（摄于 2008 年）

理县杂谷脑营盘街碉（甘博摄于 1917 年）

理县杂谷脑营盘街汶川"5·12"大地震中受损的碉（摄于 2008 年）

理县杂谷脑营盘街地震后维修的碉（摄于 2018 年）

金川碉，采自《清代铜版战功图全编》

绰斯甲土司官寨及碉

绰斯甲土司官寨之碉与塔（芮逸夫摄于1941年）

金川集沐绰斯甲土司周山官寨碉楼（摄于2007年）

北京香山仿建的嘉绒藏族碉楼（甘博摄于 1917 年）

北京香山仿建的嘉绒藏族碉楼（摄于 2014 年）

田野工作掠影

　　2007 年至 2018 年间，多尔吉、红音和阿根先后到四川甘孜、阿坝两州的 14 个县，以及雅安宝兴县的硗碛藏族乡拍摄古碉、民居和村寨，采访当地居民，几乎走访了这些地区的所有村寨。十多年来，我们在各地政府、亲朋好友和当地居民的大力支持和帮助下，收集到了许多嘉绒藏族地区的珍贵建筑文化和历史资料。这一部分，我们拣选了一些田野工作的图片，希望通过我们实地工作的现场视角为读者呈现有关这些建筑和所在地方的更多情况。

雅江木雅调研

丹巴革什扎柯尔金村调研（左起：红音、江初太、龙斯交、阿根）

丹巴梭坡调研（中为多尔吉）

丹巴丹东调研

丹巴革什扎俄洛村调研

丹巴中路调研

丹巴中路调研

金川二嘎里调研

丹巴中路调研

丹巴梭坡调研

马尔康梭磨木尔溪村调研

马尔康松岗调研

马尔康梭磨木尔溪村调研

马尔康梭磨木尔溪村调研

马尔康沙尔宗调研

马尔康脚木足大西村调研

丹巴丹东调研

丹巴革什扎俄洛村调研古碉遗址发掘（右起：笔者多尔吉与同村俄色阿洛、江初太）

附：嘉绒藏族建筑及相关名称汉意、音译及国际音标对照表

汉意	音译	国际音标
房	畏	Wei
碉	木卡尔	Mkhɐɹ
官寨	加萨尔	dzɐl sha
主体	畏玛斤	Wei mɐ tɕen
耳房或新房	空色	khang sɐɹ
雍仲一眼或一角	雍仲帽帕	Yoŋ zhoŋ mɐ pa
圈	日瓦	Rə vɐ
火塘	喂勒玛	Wei lmɐp
客房	甲哥	Dzɐ go
房顶	日巴玛	Rə bɐ mɐp
经堂	索木加果	mtɕɐ rgo
回廊	夏让帽	ɕa ra mɐp
外廊	卡坞	ɬtɕhɐ və
走廊	哈洛	ɦɐ luo
板梯	加斯噶	Dzɐ skɐl
独木梯	斯勒	ʂɬə
梁	克格儿	ŋkhə kə
柱子	勒孜	ɬzə
煨桑处	索莫介哥	Suo mtɕɐ go
门	哈	ɦɐ
窗户	噶日古	gɐ ʂku
花窗	噶格日	gɐ kra
石墙	斯德日阿	zdɐ ra
板墙	斯巴儿	Zbɐɹ
木墙	帮勒	Boŋ le
墙角	斯尔	Zəɹ
门闩	哈斯勒	ɦɐ zlei
地基	日梅儿	Rmei
汉式灶	甲啕	rzdɐ thɐ
祭拜土地神仪式	沙乌达	Sɐ vdɔ
乔迁之喜	畏泽尔	Wei tshɐɹ

注：表中建筑名称注音是用国际音标标注的丹巴县革什扎话。

图书在版编目(CIP)数据

嘉绒藏族建筑：古碉·民居·村寨 / 多尔吉，红音编著 . —北京：中国藏学出版社，2019.7
ISBN 978-7-5211-0163-8

Ⅰ . ①嘉… Ⅱ . ①多… ②红… Ⅲ . ①藏族 – 民族建筑 – 建筑艺术 – 中国 Ⅳ . ① TU-092.814

中国版本图书馆 CIP 数据核字（2019）第 126271 号

《嘉绒藏族代表性建筑分布图》为四川省测绘地理信息局所制《甘孜藏族自治州地图》
《阿坝藏族羌族自治州地图》（四川省标准地图·基础要素版）的标注
审图号：图川审（2016）018 号

嘉绒藏族建筑：古碉·民居·村寨　　　　　　　　　　　　　　多尔吉　红音　编著

责任编辑	张荣德
装帧设计	翟跃飞
制　　版	海龙视觉
艺术监制	李建雄
出版发行	中国藏学出版社
印　　刷	北京图文天地制版印刷有限公司
版　　次	2019 年 7 月第 1 版第 1 次印刷
开　　本	787 毫米 ×1092 毫米　1/8
印　　张	42.25
图　　片	606 幅
定　　价	860.00 元
书　　号	ISBN 978-7-5211-0163-8 / TU·4